年轻人，你急什么？

写给年轻人的心灵哲学课

张笑恒◎编著

煤炭工业出版社

·北 京·

图书在版编目（CIP）数据

年轻人，你急什么 / 张笑恒编著. -- 北京：煤炭工业出版社，2016

ISBN 978-7-5020-5616-2

Ⅰ.①年… Ⅱ.①张… Ⅲ.①情绪—自我控制—青年读物 Ⅳ.①B842.6-49

中国版本图书馆 CIP 数据核字（2016）第 310784 号

年轻人，你急什么

编　　著　张笑恒
责任编辑　马明仁
特约编辑　郭浩亮　邢玉格
出 品 人　朱文平
特约监制　徐均成
封面设计　木子一设计

出版发行　煤炭工业出版社（北京市朝阳区芍药居 35 号　100029）
电　　话　010-84657898（总编室）
　　　　　010-64018321（发行部）　010-84657880（读者服务部）
电子信箱　cciph612@126.com
网　　址　www.cciph.com.cn
印　　刷　北京盛彩捷印刷有限公司
经　　销　全国新华书店

开　　本　710mm×1000mm 1/16　**印张**　16　**字数**　200 千字
版　　次　2017 年 1 月第 1 版　2017 年 1 月第 1 次印刷
社内编号　8479　　**定价**　32.80 元

前言

当下社会，“急”似乎成了主流，有的人天生就是急性子，有的人则是被忙碌的生活“绑架”，不得不急。但不管是哪种情况，太过着急总是不应该的。要知道，急性子是把双刃剑。一方面，它能让人做事不拖延，将事情高效而快速地做好；另一方面，人们也常常因为着急而差错频出。在这里，我主要讲的是在思想上的急性子，也就是做事急躁、急于求成，常常耐不住性子。

急性子的人在生活中往往事业心强、处事果断，并小有成就。但是他们有时过于急躁，对于小事不认真，处理大事常出错，使得他们自己的心理压力加重，从而引起心理失衡，在一定程度上更是危害了身心健康。

众所周知，“急性子”不好，大家也都时刻在心里提醒自己，可真正遇到大事的时候，绝大多数人就又开始急不可耐了。

急性子的负面影响有很多，但有时候我们总意识不到那是性子急造成的。例如，一些人在职场中做事风风火火，看上去比任何人都努力，但是未必会讨人喜欢，因为这种工作方式很容易抢了别人的风头。再如，一些人在工作中总想着早日升职加薪，对待工作就不如心平气和的人认真，业绩也就自然无法保证了，升职加薪可不就无望了？这便会导致他们心态失衡，于工作、于自己都是大大的不利。

说话性子急，时常口无遮拦，这种所谓的“心直口快”不要也罢，因为这类人说出来的话总是会让身边的人尴尬甚至生气，从而影响他们的人际关系。还有一些急性子的人喜欢与人争辩，因为急性子的人大多头脑敏捷、口才出众，所以很少有人能够辩过他们，但是辩论胜利又能怎样呢？它总是让我们以失去友情为代价。

总担心时间不够用，也是急性子的一种。其具体表现是，在做事的时候，一些人总想着还有很多事没做，若不加快速度就会来不及，因此，他们总会同时去做好几件事。这反而会加重他们的焦虑，让他们越来越感觉时间不够用，结果更是适得其反。其实时间是足够的，只是他们焦虑的心态在作祟，这种心态若不加以调控，将会严重影响其工作和生活。

面对生活的低谷，面对诸多的不如意，你是否也曾心浮气躁地想要改变一切？

面对工作中的“冷板凳”，面对漫长无期的等待，你是否也曾被磨掉耐心想要一走了之？

但你要明白，凡事都不是一蹴而就的，所以千万别奢望一口气吃个大胖子，要学会耐心地将“冷板凳”坐热，熬制出属于自己的成功。

从现在开始，坦然面对一时的不顺，耐心地等待机会。不要总觉得自己到了某个年龄，以后就没有机会了。机会永远都在，之所以没有降临是因为你还没有准备好。一时的不如意也不要气馁急躁，好好利用机会让自己沉淀下来，不断提高自己的能力，用“韬光养晦”四个字来激励自己。

从现在开始，当你面对职场“冷暴力”时，更要用耐心在职场上站稳脚跟，别让急躁影响你的判断和心态。你要相信：其实生活完全没有必要那么着急，该来的自然会来，放慢节奏，才能快速奔跑，哪怕我们只有蜗牛的速度，只要一步一步地向上爬，终究会爬到金字塔顶。

本书从心理学的角度解析急性子的负面因素的影响，把在工作和生活中可能遇到的问题分门别类，告诉你如何合理控制自己的急性子，使急性子的劣势转化成优势。急性子并不可怕，关键是你要正确地认识它，并合理控制，巧妙利用，发挥其积极方面的作用，这将有效地帮助我们去享受工作和生活，从而取得更大的发展和成功。

目录

耐不住性子，直言快语伤人伤己

耐不住性子，急功近利注定要失败

耐不住性子，焦虑就会如影随形

耐不住性子，冲动鲁莽要付代价

下篇

章7 耐住性子，忍得了寂寞才守得住繁华

章8 耐住性子，人际关系需要“精耕细作”

耐住性子，静下心来智慧才能生长

耐住性子，让灵魂跟上你的脚步

耐住性子，谁不是跋山涉水去相爱

上篇

章 1

耐不住性子，
心急吃不了热豆腐

心急，简单的事情也容易出错

李毓秀曾在《弟子规》中提到："事勿忙，忙多错"。愈忙愈错，愈错愈忙，如此恶性循环，简直会毁掉整件事情。

陈女士除了正常的工作以外，闲暇的时候还经营着一个"微店"。昨晚有个客户买了不少东西，嘱咐她第二天一早就发货，公司九点上班，陈女士决定早上送孩子上学后把货发出去再去公司。可没成想，一大早起来就接到公司的电话让她提前到公司去见几个客户。

陈女士觉得时间紧迫，就急忙催促孩子起床洗漱。陈女士一手拿着早餐面包，顺手拿了鞋柜上的车钥匙就出门了。到了楼下，孩子说红领巾忘记戴了，不戴红领巾会被学校扣分，只好又返回取红领巾。

终于到了楼下，陈女士一边唠叨孩子丢三落四，一边按遥控器，却没反应，原来她拿的是老公那辆车的钥匙。没办法，只好再返回去换钥匙。等不及电梯，陈女士慌慌张张地跑下楼，将孩子送到学校后，忙赶着去公司。由于着急，超车的时候她和别人发生了剐蹭，幸好没什么大事。最后，忙活了一大早，去公司还是晚了，微店客户的货也没能按时发出。一整天，陈女士都沮丧极了。

我们也许会常常发生这样的事情：出门时，手中拿着钥匙，却急着找钥匙；急着给人写纸条，笔就拿在手上，却睁大眼睛到处找笔；急着去赴约，却到处找不到心爱的领带；翻箱倒柜都没找到的东西，过了几天却在最显眼的地方发现了。上述种种，无一不是因为急切慌乱而造成的。人如果一着急，就会手忙脚乱，眼花缭乱，对明明在眼皮底下的东西视而不见。

有人说，做事快的人办事快，但性子急，简单的事情也容易出错。要想快，得先慢下来。慢下来，才能静下心，心静了也就认真了，出错的几率自然就减小了。

刚上班那会儿，丹丹希望银行里每天都有大量的客户，并希望自己敲键盘的声音可以连成一串优雅的音符，但在敲回车提交的那一瞬间，丹丹所办理业务的正确与否就定格了。在某银行担任柜员一职的丹丹，每输入的一串数字都是金钱的转换，只有数字正确，钱数才会相符，这就要求丹丹不仅要快，更要准确。在看验钞机显示屏时，也须非常仔细，数字不能错位。由此可见，柜员的压力和风险有多大。

那么，怎样才能规避风险呢？丹丹采取的措施就是宁可慢一秒，也不能出错。

个人业务错了，虽能找到人协商，但这会影响银行的形象，还会给客户带来麻烦。对公业务的错账，解决起来，手续却更加麻烦，且对柜员个人以及支行的考核都有影响。有了好耐心，丹丹就习惯了慢一点来仔细核对，以保证不因一时心急而导致错账。

时下的社会，越是大城市，“快”越有一种所向披靡的趋势，这已经形成了一种躲避不开的潮流。有许多人在紧张的工作背景下，饮食“快餐化”了，娱乐“快餐化”了，阅读“快餐化”了，甚至连感情也在“8分钟约会”“闪婚”等概念下被“快餐化”了。

本杰明·富兰克林认为：“一切都需要花时间，欲速则不达。”因此，最佳的方法不是快速地完成一件事，而是正确地完成它。慢下来，你才懂得生活，懂得开始，也懂得进步。哲人说，选择大于努力。成功不是你有多努力，而是在每个选择点上你都能作出最佳的选择。而最佳的选择则是建立在充沛的精力、良好的体力、愉悦的心态上的。这就要求你：慢下来，给工作做减法而不是加法。

凡事老想一步到位，总难如愿

俗话说：“欲速则不达。”现在有很多人总表现出一种“着急”的心态，举个例子来说，一些人刚开始找工作就要找最好的，否则就反复面试，一定要找到又高薪又舒心的工作才行。这么说吧，用这种心态找工作，基本上是永远都找不到的。因为当你想一步到位的时候，你就已经把自己局限在了一个困境中，只要不达目标你就会一直觉得自己没能如愿。

陈德明的女儿大学毕业两年了，还待在家里，每天上上网，做做瑜伽。有人问陈德明：“你女儿毕业这么久了，怎么还不出去工作呢？”陈德明说道：“这可是我的宝贝女儿，我能让她去一些小公司做小白领吗？我得给她找找关系，等进了国企你就羡慕吧！”

陈德明这两年来没少给人送礼、拉关系。他的女儿专业学的是会计，陈德明就四处请人吃饭，给人送烟送酒，希望能给安排一个好工作，然后总是听到对方回答：“我帮你看看。”两年下来，陈德明的女儿还是在家待着。

如今很多人都抱着跟陈德明一样的心态：什么事都想一步到位，恨不得立竿见影。找工作想一下子找到又高薪又舒心的，买房子想一下子就来个三室一厅。这种过于激进的态度只会适得其反，难以如愿。

有些人喜欢给自己制订计划，每一步都详细周密。但是，在具体执行的过程中，一旦某个步骤没有达成预期效果，他们就会出现极其急躁的情绪，非要把该步骤完成。举个例子，有一对新婚夫妇想为自己买一套婚房，挑选了两个月也没结果。原因是在他们眼里没有一套房子是“完美”的，比如，采光好的房子楼层太高，楼层好则户型不好，各方面都好的房子又没有停车位……

为什么不走曲线呢？当某个目标受到阻碍时不要去“死磕”，走一个曲线迂回，不要求一步到位或许就会豁然开朗。工作不满意，先努力工作，时机成熟再跳槽；房子不满意，先住着，问题总会解决的；原定计划没有实现，那就换一个容易实现的计划。

这个世界上没有任何事是一帆风顺、一步到位的，急于求成往往会让人丧失正常的心态，从而做出一些不好的事情，比如拉关系、送礼物等，有时候越是着急要做好的事情，就越不能着急，否则就会弄巧成拙。

《韩非子·外储说左上》记载，春秋时期齐景公有一次去东海游玩，正赏着美景，突然一个骑马传递公文的人从国都之中快马加鞭赶了过来，说道：“晏婴病得很厉害，即将死去，恐怕您在他死前赶不上见他。”

齐景公一听就非常着急，这可是自己的好爱卿啊，自己一定要赶过去。他立刻起身，但还未等说话，传递公文的人又赶到了。齐景公说：“赶快坐上骏马拉着的马车，再让马夫韩枢来驾车。”

马车一路绝尘而去，可是行了几百步后，齐景公认为马夫赶得不快，就夺过缰绳代替他驾车；大约驾车又行了几百步，齐景公又认为这马跑得太慢了，就跳下马车而徒步奔跑。

可是齐景公哪里有马快，反倒是耽误了赶路的时间。结果当然可想而知。

急于求成，恨不能一日千里、一步登天这种心态是可以理解的，但是，我们也要明白这种心态不仅于事无补，相反还很容易导致某些致命错误。因为我们越是急躁，就越会被急躁情绪控制，从而影响大脑的判断力，作出错误的决断。

俗话说："万丈高楼平地起。"再高的楼也要从地面一层一层地修建，事情无一不是由小而大的，所以放慢心态，慢慢做反而会有更好的效果。宋朝理学大家朱熹年少时研习禅学，学习的速度很快，到中年时他感觉速成的态度是不对的，便写下了十六字箴言："宁详毋略，宁近毋远，宁下毋高，宁拙毋巧。"没有人能够一口气吃成大胖子，当某些目标不能如愿的时候，不妨先去实现稍微低一点的目标，逐步地去接近自己的最终设定。

凡事老想一步到位，必难如愿，世界上没有免费的阶梯，任何时候都不要抱着一步到位的心态。踏踏实实做好该做的事，自然就能收获属于自己的森林。

急于当职场“喜羊羊”，易碰壁

动画片《喜羊羊与灰太狼》里面主人公喜羊羊的性格是这样的：聪明勇敢，活泼开朗，非常勤快，但也有一个有目共睹的缺点，那就是走路、办事都很性急，常常慢羊羊才说个开头，他就已经抢在前面把事情干完了，可大多时候因为话没听全，做出来的事反而弄出了笑话。

这样的性格在职场中，是很不受欢迎的。刚走上工作岗位的新人大都急切地想要表现自己，希望通过自己非凡的表现获得上司的认可和赞赏。这种急于“冒尖”、锋芒毕露的状态是很多优秀新人的共同点，然而这种光芒是刺眼的，会惹得同事乃至上司反感，甚至对日后的职业生涯产生严重的负面影响。

张景玉来到一家新公司做广告策划，他此前已经有一年多的工作经验，而该公司的网络广告策划部是新成立的，所以，张景玉觉得自己在该部门已经算是“老手”了。

一天，公司老总特意到网络广告策划部召开动员会议。

会议中，老总问该月的网络签约额是多少，张景玉在会议桌上忍不住回了一句：“应该是18万元。”老总看了他一眼，这时候财务部的负责人摊开文件，说道："是32万元。"张景玉不好意思地笑了笑。

会议结束后，老总找到张景玉谈话，张景玉很是兴奋，他觉得老总很赏识他。在办公室里，老总说道："你叫张景玉对吧？"张景玉回答说："对，我张景玉，弓长张，风景的景，宝玉的玉，我是XX大学毕业的，有一年多的工作经验，您有什么批评的可以直接告诉我，我接受并改正。"

老总说道："我想说什么话不用你来告诉我。你在这儿工作多长时间了？"张景玉说："工作了两个多月，各方面都还行，我觉得我的能力应该可以在网络广告部做得很不错，您看我将来的表现。"

谈话结束后很长一段时间，张景玉都没有得到任何任务分配，依旧是老样子，他有点想不清楚，是不是老总太忙了呢？

很多职场新人常犯的一个错误就是"不分场合，想说就说"，孔子曾经说过："君子敏于事而慎于言。"一些初涉职场的人，往往会急于显露自己的才能和实力，盼望尽快得到他人的认可和刮目相看，因而表现得锋芒毕露、急于求成。这样做，不仅会给人一种自高自大的印象，更重要的是会使你过早地成为其他人的竞争对手。

除此之外还有这样的例子，也是急于求成的表现，如办公室里有什么活儿都抢着干，有什么任务都挺身而出……这样的做法很容易引起他人的反感。一是这些事情你不一定能做得很好，反倒会耽误时间，二是即便做得很好，也很容易给他人留下急躁的印象。

有这样一个很好的例子，办公室里有一个新人和一个工作了很多年的"老手"，这天公司派下来一个加急任务，"老手"没时间做，新人则表示自己会尽力而为，不过要请"老手"多多帮助。这就是一个很好的方法，既表现了自己，又给人留下了很好的印象。工作中，抱有积极热情的态度是正确的，但是要掌握个度，作为新人，你的任务是了解工作、熟悉工作，况且公司招聘我们来是要工作的，不是来搞关系或者倒垃圾的，千万不要因为表现自己而抢了别人的风头。职场新人是非常弱势的群体，在公司里既没有良好的人脉关系，也没有稳固的职位，在这种时候，适当地低下头，隐藏一些自己的闪光点，是很有好处的。

诚然，新人在公司里做事认真，工作出色，会对自己将来的薪金、职位有很大的帮助，但是如果因为急于表现而把身边的同事得罪，那是要碰壁的，在该公司里也不可能长久地工作下去。

即便有时你做出了一些成绩，也不要担心领导不知道而急于“邀功”，其实你所做的一切大家都看在眼里，所以，你完全可以有一些推功揽过的气度。有功，就本着实事求是的态度，把好处多让些给他人，不要把功劳全占，尤其对于一个集体来说，懂得推功揽过，大家才能团结一心，做好工作。

急于“冒尖”对于职业生涯是没有好处的，它会严重地影响同事之间的关系，以及上司对你的态度。你要明白，职场是一场马拉松比赛，并不是百米赛跑，它不需要在起跑后就全力冲刺，而是需要我们扎扎实实、一步一个脚印地稳步前进，总想着“出位”的结果是可能会被集体排挤，因此，千万不能做职场上的“喜羊羊”。

朝三暮四，频繁跳槽迷失方向

现如今有的人急于获得眼前利益，总想着多些多些再多些，快些快些再快些。为了追多求快，就急着升待遇，急着换岗位。殊不知跳槽应当建立在保证未来幸福的基础之上，如果始终对职业没有认同感，只是一时性起就轻率地跳槽，那么这样的行为会让你在今后付出很大的代价。

肖然毕业后，在上海找到一份软件工程师的工作，他对这份工作很满意，工资不低，专业又对口，更是惹得同学们羡慕不已。如果他能在自己的岗位上好好干两年，升职加薪指日可待。

可是，干了没多久，肖然就满腹牢骚。软件工程师听上去挺光鲜，实际上却十分辛苦和劳累，待遇和工作量根本不成正比。

肖然听人说，在广州软件工程师的待遇特别好。于是，他辞职离开上海，跑到广州去。因为有工作经验，他很容易就找到了一份软件工程师的工作，待遇确实比上海那家公司好，可是，工作量也多了不少，而且管理很严苛，被老板训斥更是家常便饭。

肖然再次萌生了去意。

听在唐山工作的朋友说，那里大多是民营企业，管理相对宽松。肖然毫不犹豫地炒了现公司老板的鱿鱼，跳槽到了唐山的一家公司。

可是，行政工作也很烦，杂七杂八的事都得管，待遇还不怎么样。

肖然再次萌生了跳槽的念头。

肖然果断转行，做了一名销售员。因为没有相关的工作经验，每月底薪只有两千元左右，他咬咬牙挺了过来，盼望着早日修炼成销售达人，获得丰厚的提成。但没过多久，肖然又厌倦了销售员的工作……

有些人在跳槽时，很容易急功近利地选择一些并不见得适合自己，却在短期内能给其带来经济效益的职业，从长远来看，这种选择对个人发展未必有好处。频繁跳槽是失败的表现，它不能证明你的经验，只能反映你的缺陷。

职场人对跳槽要慎重看待，不管是职场新人，还是职场老手，不管是普通职员，还是企业高管，经常跳槽都不可取。要耐得住性子、扛得住寂寞、经得住打击，在具备丰富经验和能力后，再去考虑跳槽的问题。

真正适合跳槽的时机，是个人考虑得比较全面成熟、目标非常明确的时候。一些不满足现状的人可以在适当时机选择跳槽，但不要过于频繁，比如，工作3至5年换一次工作。人一生的就业时间一般有30多年，因此，每过5~6年差不多就是一个周期。

八年前，李可唯大学毕业，独自到深圳求职，举目无亲的他第一份工作是汽车销售。虽然对汽车算不上熟悉，不过凭借机械专业的功底，略加学习的他对汽车各项技术讲解起来也是条理分明。因为他的专业和敬业，他在这家公司一做三年，直至做到销售经理的位置。

偶然一次机会，李可唯接待了一位汽车零部件公司的高层，在做成这项生意后，这位正在寻觅良才的高层将李可唯挖到了自己的公司，负责汽车零件的销售工作。

半年前，又有猎头将橄榄枝伸向他，坚持不懈地练习德语帮了李可唯的大忙，与其他专业技术能力相仿的职业经理人相比，李可唯胜出，顺利进入一家规模更大的外资零部件公司。此外，这份工作还提供李可唯第二年赴德国工作的机会，使他在汽车零部件这个行业有了更好的资历。

很多成功人士在职业生涯初期阶段，一般会在一家公司待相对较长的时间后才会跳一次槽，而且他们的职业经历往往是有选择性的。同时，他们选择跳槽时大多目标明确，积极主动。如中国微软前任总裁唐骏，在他个人的发展轨迹中，我们可以发现，他在跳到中国盛大网络之前一直在微软干了整整10年。

一个人在企业里需要较长时间的积累，才能建立自己的信誉与成绩。对于一个有才能的人来说，必须有一个合适的平台与机会来展现实力；对于一个才能欠缺的人来说，必须有一定的时间来锻炼与学习提升。因此，因急于求成而频繁地跳槽，不利于个人职业上的自我积累、提升与发展。

职场人在就业时就当学会衡量这份工作是不是适合自己，在工作中不能稍有挫折，就产生抵触、放弃的心理，而应理性分析目前岗位有无发展前景，提高自己处理突发事件的能力。

聪明的职场人，从不会让频繁的跳槽行为发生在自己身上，要知道——急于求成的心态是职场大忌。虽然跳槽的现象在如今的职场中很普遍，但真的轮到自己面临跳槽时切记三思而后行，避免冲动离职下的后悔，更不要朝三暮四，今天看着这家好，明天看着那家好，就频繁地跳槽换工作。

跳槽并不可怕，可怕的是你频繁地一跳再跳。频繁跳槽的职场人士再次求职时应放平自己的心态，对自己有明确的职业目标，最好是做好几年内的职业规划，此外，还要有具体的发展路径、行动计划和学习方案来支撑目标的实现。职场人士频繁更换工作，丢的可能不只是工作机会，更是长远的发展。连续换了几份工作却还不能改变现状，这时你一定要重新审视职业定位是否恰当，重新思考职业规划是不是需要调整，以免让自己陷入频繁跳槽的怪圈中，从此迷失方向，一蹶不振。

急于邀功领赏，有才华也难受青睐

职场中，很多有能力、有才华的年轻人总会急于让领导、同事看到自己的工作表现，于是便会经常出现邀功请赏的情况。然而这种行为是很犯职场大忌的，可以说没有人会喜欢一个总是邀功请赏的人，它往往会给我们的职业生涯带来负面的影响。

某公司在谈一个项目，老板让武鸣到相关部门去问问项目有没有审批下来。

两天后，武鸣向老板汇报情况，但他第一句话不是审批的问题，而是："老板啊，办这事可真是太麻烦了，可累死我了！这两天我跑了好几趟，跑了好多部门，正赶上他们部门装修，到处都乱七八糟的，昨天下午我才找到他们的办公室主任。嘿！打一照面我才知道，敢情是我的初中同学刘军啊！我一想这不就好办了吗，我那初中同学跟我说了，说事情审批的可能性挺大，他还说了，将来咱们有什么困难找他帮忙绝对没问题……"

老板不耐烦了："项目到底批了没有？"

武鸣这才说道："嘿嘿，我还没得到确切消息。不过我那初中同学给我透内幕了——这种新型项目国家是支持的，他们的领导还要开几个会，审批通过的可能性挺大。我打算明天、后天再跑一跑，一定能够把这事打听全了。"

老板火了，劈头盖脸训斥了武鸣一顿，以后也对他有意无意地疏远了。武鸣本来还是公司某部的重点负责人，结果停留在该位置久久也得不到提升。

武鸣的这番话很有心机，老板问他文件审批情况，他却先说"跑了好多部门"，又说这事"太麻烦"，表现得特别"鞠躬尽瘁"，然后再说部门里有熟人，好像自己人脉广阔，还说初中同学会给公司提供帮助，又在显示自己这两天的功劳——殊不知这样才引起了老板的厌烦。老板不过就是要他打听个事儿，成没成就一句话，既用不了两天，也用不着所谓的初中同学。

武鸣的用心无非是让老板觉得他劳苦功高，而且还挺有能力。可是，论职场经验他可比老板差得远了，老板一下子就了解了他的用心；若在平时工作完成的情况下，老板不至于如此，可是，武鸣的工作根本就没做好，老板发火也是在所难免的。

在清代，雍正皇帝也遇到过一次大臣邀功请赏的事情。某年，江南总督范时绎向雍正奏报江南这一年“形势一片大好”，又是喜降瑞雪，又是庄稼丰收云云，文章写得天花乱坠，冗长无比，结果却被雍正兜头泼了一盆冷水。雍正说：“朕日理万机，年底事情又多，哪里有工夫看你写的闲文章！”

领导都不糊涂，该提拔谁、该夸奖谁，他们心里都明镜似的。员工邀功请赏的行为无非就是急于升职加薪，但是领导并不喜欢邀功请赏的员工，在他们看来，勤奋工作，多干些实事，少弄些花架子，比什么都强。你如果真的做出成绩来，立下了功劳，领导岂会无动于衷？

曾山最近带领着公司的一个开发团队，夜以继日地工作了两个月，终于把新产品的开发工作做完了。本来老板说好的要开庆功会，结果老板去了南方出差，庆功会也就没有了，甚至连一句表扬都没有。

曾山对此并不在意，他带领着自己的团队继续工作着，还帮助其他团队工作。老板回来后整整一周，依然没有对曾山以及其团队作出任何表态，曾山仍然不在意。他不知道的是，老板其实是故意的，他就是要看看这个年轻人的定力如何，是不是有好大喜功的毛病，老板经过一番调查之后，非常满意曾山的心态，但也不多说什么，下个月就把曾山的岗位上调一级，工资也上涨了30%。

邀功不如立功，领赏不如奖赏，索取不如赠送。要在职场上步步高升，就需要知道职场中哪些话说不得，哪些话要抓住时机说，决不能在上司面前说邀功请赏的话，那样上司会觉得你很浮躁、不持重，也不成熟。对领导来说，他们更注重的是员工平常的工作状况，而非某一段时间的观察；而对员工来说，要想让领导满意，首先应该把工作做到让自己满意才是。

所以，请慢点儿邀功请赏。老板们都喜欢爽快的员工，只要我们的工作真的做得很好，并且真的觉得薪资、职位与此不对称的话，想要升职加薪，完全可以找老板开诚布公地谈，用诚恳爽快的态度来提涨工资、调职位的事。切忌拐弯抹角地夸自己，尤其在工作还没做得很出色时，就试图在老板面前与其他员工拉开差距，觉得这样会得到老板的青睐。实际上，我们的这些心思想法都被老板看在眼里，我们的工作具体如何老板也了然于胸，时机到了自然会给我们想要的。

今天买了明天就想赚的投资心态最害人

中国股市在2015年第一季度全线飘红，吸引了越来越多的国人奔赴股市。但是，在股市中并不是每一个人都能够发财的，其中心态最关键，尤其是在股市高涨时抱着投机心态进来的股民，是最容易赔钱的，这些人幻想着在股市中一夜暴富，持此想法的人后来多数都被股市“套牢”了。有人说股市就像一个小社会，没错，在股市中人们往往更能得到一些生活的启发，在股市中失败的原因或许就是人生失败的原因。

被誉为“股神”的巴菲特早已在很多人心中成了神话，但是，如果你知道巴菲特的某些投资习惯的话，你就会明白他能坐稳全球第二大富豪宝座的原因并不是所谓的运气或者“神算”，而是他的耐心。

2011年，巴菲特买入IBM共107亿美元股票，随后又入手50亿美元美国银行的优先股，决策只用了很短的时间。巴菲特接受了采访，记者问道：

“IBM是一个高科技公司，你从来不买高科技公司的。你怎么会买IBM这家高科技公司的股票呢？”

巴菲特的回答是他过去50年每年都阅读这两家公司的年报，在50年长期追踪研究的基础上，他才做出购买的决策。巴菲特说：“无论你多么天资过人或者多么拼命努力，有些事还是需要经过一段时间才能完成的。”

在所有的投资活动中，人们津津乐道的是如何挖掘牛股和黑马，如何获得短期盈利，或者如何成功抄底逃顶，但往往忽略一个最重要最核心的过程——等待。巴菲特强调说股市上有耐心的人最终才会赚到大钱：“股票市场是一个重新配置资源的中心，资金通过这个中心从频繁交易的投资者流向耐心持有的长期投资者。”

有一些投资人总希望每天能买到最低点，然后第二天就能够卖到最高点，认为那样能够带来丰厚的投资利润，殊不知这样的投资取向是过分理想主义的幻想，这是巴菲特坚决反对的。巴菲特投资不走捷径，不图虚名，每天都仔细研读上市公司的年报，长年累月坚持，锱铢积累，如此才能对几乎每一家企业都了然于胸，才能够得出是否购买的决策。虽然巴菲特投资速度不快，但是他一出手就是大手笔，所以收获也就更多。

曾国藩说：“德不苟成，业不苟名，艰难错迕，迟久而后进，铢而积，寸而累，及其成熟，则圣人之徒也。”看看生活中周围的同学、朋友，做成一件大事立了大功、成了大业、赚了大钱的人，往往不一定是最聪明最能干的，但肯定是最有耐心的。看似一时的成功，却需要长期的耐心。

凡事不带有那么多目的性，就不会显得那么急躁。做事情之前，不要先去想“我能得到什么回报”，做任何事都不要抱着投机心态，凡事要学会放长线钓大鱼，把鱼竿甩得远远的，可能一时半会儿没有鱼咬钩，但是，只要耐心地等待下去，你必定会有收获，因为大鱼永远都在深水区。

狼在生存猎食中，会一直死死跟着猎物走上好几天，然后才发动进攻。无独有偶，蟒蛇的速度不快，它唯一的捕食办法只能是埋伏在丛林中间，等动物经过。一天下来没有动物经过，那就等两天甚至几个星期。它知道，只要等待，一定会有动物经过。最后终于有动物来了，它一跃而起，一口就把动物给咬住了。

最好的时机需要我们用最大的耐心去等待，它必会带给我们意想不到的巨大收获。当我们对自己的职位、待遇不满的时候，不要怨天尤人，也不要自暴自弃，这样是毫无作用的，我们只需要更加努力地充实自己，再静下心来耐心等待，最好的时机终会到来，到时候再全面出击，必定能够收获丰厚。

一毕业就创业，多半会失败

有统计数据显示，美国大学生创业的成功率约为20%，中国只有2%。这两者差距跟很多因素有关，但是更多的应该是中国大学毕业创业者自身的问题。大学生创业是近几年才兴起的热潮，很多大学生此前对经商甚至没有过接触，现在天使投资人那么多，拿到投资的瞬间肯定以为自己将来会越走越远，然而有98%的创业大学生都失败了。

如果在大学里读了两本某某名人的自传，就头脑发热地去创业，那说明书读得还不够多，在失败之余不妨思考一下为什么失败，这将有益于自己的人生。

2005年，五名刚毕业的大学生参加了一次电子商务培训，他们接触了网上反拍卖采购，当时这种省去中间环节的采购模式在国内还算空白，如果创业将有很大的市场。

几个年轻人动了心思，其中一个主动提出来辞职创业，其他四个纷纷响应，有工作的辞职，没工作的也不找了，五个人凑到一起开网站。这五个人还从父母亲友那里借来欠款，总计达100万元，他们在北京租下了一间100平方米的办公室，注册成立了公司，电子商务网站随之建立起来。

但是，公司成立之后并没有什么起色。起初，这五个人觉得创业伊始艰难点很正常，就坚持着。之后，在一次国内某家著名家电企业采购平台的竞标中，他们被竞争对手用老道的经验和庞大的资金链打败，从此一蹶不振。

在2006年春节后，公司已经到了山穷水尽的地步，五个人便裁掉了所有员工，退掉了办公室，各自寻找出路赚钱还债。

有很多大学毕业生是这样创业的：创业项目没想好，合伙人没找到，存款只有两万，但就是想创业，甚至有人说出“干什么都行，我就要创业”的豪言壮语，甚至更有很多大学毕业生合伙创业时连合伙合同是什么都不知道，只知道注册一个公司就算开始创业了。盲目、鲁莽是创业的大忌，却又是一腔热血的大学毕业生常犯的毛病，他们对创业项目没有一个很好的认识就去创业，市场预测过于乐观，更没有对市场进行充分的调研和细分，创业的点子又怎能经得起市场的考验？

除此之外，还有资金问题、人脉问题等。大部分大学毕业生是没有经商创业经验的，可以说他们是最弱势的创业群体，但他们又是最具创造力的群体，很多一穷二白的大学生在此背景下甚至建立了伟大的公司。创业无关乎年龄、学历，只关乎项目是不是真的够好，准备是不是真的够充分。大学生创业失败率高的最重要原因就是没准备好甚至根本不准备就创业了，他们总担心机会稍纵即逝，所以，急匆匆地就“赶鸭子上架”，这也导致他们只能以失败告终。

主动去创业是好事，通过创建一家伟大的公司积累个人财富也是无可厚非的，但是创业是一项集体活动，创业者要对诸多方面负起责任，所以创业前的准备与筹划是至关重要的。机会永远留给懂得等待和忍耐的人，在创业模式、资金、人脉等问题解决之后，再出手创业，势必会扶摇而起。

娃哈哈集团董事长宗庆后，在成为商业大佬之前，也曾是无名小卒。1963年，宗庆后初中毕业，为了补贴家用，他去了舟山的一个农场，在海滩上挖盐、晒盐、挑盐，几年后又去绍兴的一个茶场，种茶、割稻、烧窑。在这一漫长阶段中宗庆后每天从早忙到晚毫无怨言，从一个青年变成了一个中年人，当他再次回到杭州时，已经是十五年之后了。

而后，宗庆后又到校办纸箱厂当工人，42岁的时候他利用积累的许多资本创立了哇哈哈。宗庆后说："这15年，尽管是我人生当中最年轻、最有成长希望的大好时光，看起来好像在农村没有什么作为。但对我的整个人生道路却有很大帮助，至少这15年艰苦生活的磨炼，磨炼了我的意志。能吃得起苦，同时也练就了比较好的身体。为我42岁以后再重新创业，打下了比较雄厚的基础。"

宗庆后对于如今大学生创业的建议是心态要好，不要急躁，他说："我42岁才开始创业，像大学生这个年纪我还在农场工作呢。所以没关系，时间还长着呢，关键是要有耐心，要坚持不懈地去努力才能成功。"

不是说大学毕业生创业就一定会失败，而是说这种急躁的心态要不得。比尔·盖茨、乔布斯、马克·扎克伯格这都是大学辍学创业的典范，但是不要去模仿他们。比尔·盖茨的母亲曾是华盛顿大学校董，还跟IBM的CEO埃克斯共事过，比尔·盖茨13岁时为了玩飞行棋写出了第一个软件程序，他跟保罗·艾伦高中时候就开过一家公司，他从哈佛退学也是思考了很久才下的决定……这充分说明了这个世界上没有突发奇想的偶然，我们看到的是比尔·盖茨辍学创立微软的光鲜，却看不到他背后多年的酝酿。

《礼记》有言："凡事预则立，不预则废。"有一部电影，它的名字便是《心急吃不了热豆腐》，这些说的都是一个意思，无一不是在讲耐心准备的重要性。无论创业与否，在任何时候，不慌不忙地准备妥当后，你才更有成功的可能。

章 2

耐不住性子，乱发脾气是修养不够

怒火是猛虎，伤害别人也毁了自身

愤怒，是人心理上的一种消极且有害的情绪。由于强烈的愿望受到压抑，特别是在追求某个目标时，由于人为的不合理，甚至是恶意的阻挠和破坏，造成许多挫折，从而产生的一种对周围不满的情绪，这种情绪就叫作愤怒，它是极为有害的。

很多人都爱乱发脾气，甚至有的时候都不知道自己发脾气的原因，轻则大吵大嚷，重则摔打东西等。而生活中有很多的不幸事件，原本都是可以避免的，却因为当事人的怒火冲天，导致事情进一步升级，发生悲剧。

董晓平今年25岁，在一家汽车修配厂工作。他做事认真负责，修车技术很好，领导对他很赏识。但是，他非常容易钻牛角尖，对一些小问题总是放不下，每当遇到一点儿对自己不公平的事情，他就特别容易生气。哪怕是平时排队碰上有人“加塞儿”，他都能生好几天气，而且还会整夜睡不着觉。

一天，董晓平在超市排队买东西，突然有一个人看到董晓平前面空档比较大就挤了进去。董晓平眉头一皱，那个人笑着说道：“帮帮忙了，我东西少结账快，不会耽误你多少时间的。”

董晓平嚷道：“插队就是不行！”那人说：“你这个人怎么这样啊，嚷什么嚷？”董晓平跟他吵了起来，最终在众人的围观下离开，董晓平发誓再也不去那家超市了。董晓平也知道自己脾气不好，但是他也不知道该怎么办，有时候把自己气得都睡不着觉，非要找人理论，结果没有人愿意搭理他。

生活中经常会有人为一些小事而生气，这其实是会对自己以及周围人造成非常大的负面影响的。

首先，生气伤人害己。俗话说：“经常生气是百病之源。”生气也就意味着情绪激动，连你自己都控制不了，甚至常常出现由争吵升级到动手的情况。即便是一个人自己生闷气，无论是从心理还是生理上，对于身体健康也是无益的。

更有甚者，有时候他自己的气消了，对别人造成的伤害却消散不了。有这样一个故事，说一个小男孩总是控制不住自己的情绪，特别容易发火，他的父亲就给了他一些钉子和一把锤子，告诉他每生气一次就在篱笆上钉一颗钉子，气消了就拔下一颗。那一天小男孩钉了十几颗钉子，等他慢慢控制自己，平复情绪，把钉子都拔下来之后，他的父亲告诉他：你看，钉子已经没有了，但是钉在篱笆上的伤痕却会永远留在那里。

其次，生气不能解决任何问题。有一句话是这样说的：“愤怒使人冲昏头脑。”在极度愤怒的情况下，人们总会作出很多不好的判断。宋朝有一位皇后十分贤慧，她总是在皇帝因宫人失职而大发脾气时，假装生气然后让人把宫人交给专管刑罚的官员处理。当皇帝问她原因时，她说：“皇上在盛怒之下所做的处罚往往过重，把他们交给专管刑罚的官员处理才能公平，更不至于让皇上背上残暴的名声。”怒吼并不会为我们带来解决问题的办法，反而还会恶化问题，所以，在任何时候都保持冷静的头脑是很有必要的。

生气的原因大致来源于这个人对这个世界的认知，跟性格也有很大的关系。有一些人说：“我就是控制不了自己发脾气。”这句话是错的，乱发脾气、极易生气这种情况是可以控制的，关键要看个人意志。

毕达哥拉斯说过："做自己情绪的奴隶比做暴君的奴隶更为不幸。"一个只会生气的人是蠢人，聪明人愿意并且能够控制自己的情绪，并通过正当的办法把糟糕的情绪发泄到合理的地方。而容易暴怒的人就像一只汽油桶，任何一点小火星都能将其引爆，这样的人也终将走向毁灭。

西方有句谚语："上帝要想让他灭亡，必先使他疯狂！"愤怒总是伤己伤人。在愤怒的时候，你如果不能让自己冷静，不能控制自己的冲动的话，可能就会给自己酿造出难以吞咽的"苦果"。有一句话值得我们永远铭记于心："长寿应止雷霆怒，求健须息霹雳火。"

发的是"脾气"，丢的是"风度"

安东尼·罗宾曾经说过："你愤怒、你愤恨，是因为你已习惯用这种方式发泄，你已学会了用它们来表达你的不满，来表明你的要求，希望达到你的目的。"人们都认为愤怒是一种必须让它自然宣泄的情绪。其实，发泄和愤怒并不合乎自然的法则，也不会使人过得更好，暴怒、发脾气对任何人的生活都会有负面的影响。

蒋学林最近谈了一个女朋友，两个人是在一次公司举办的聚会上相识的，并迅速坠入了爱河。

这天周末，蒋学林跟女朋友一起去公园玩，两个人倚在栏杆上看着湖面，有一个小孩儿手里拿着一根冰淇淋从他们旁边走过，冰淇淋不小心碰到了蒋学林女朋友的裙子，蒋学林当时就火了："小子，你能不能看着点？你家大人呢？到处乱走什么？"

小孩"哇"的一下就哭了，蒋学林的女朋友赶紧说道："哎呀，没事没事，你跟一个小孩子凶什么！"蒋学林也就没多说什么。

随后，两个人又到餐厅吃饭，倒霉地遇见一个实习服务生，蒋学林看到服务生动作生疏笨拙，就又生气了，非要他把经理找来，否则决不罢休。

结果这顿饭也没吃好。蒋学林的女朋友说道："我觉得咱们两个之间的关系应该缓一缓，我们都冷静几天，看还有没有相处的必要。"蒋学林很纳闷："我对你这么好，你为什么这样说呢？今天一整天都不顺，你也来给我找麻烦！"

所谓发的是"脾气"，丢的是"风度"，一个人不能控制自己的脾气是没有涵养的表现。还有一句话叫做："量小者易怒。"那些总是随意发脾气的人气量一定是狭隘的，因为他们不能对别人的过错有所宽容，就会控制不了内心的情绪，稍有波动暴躁的情绪就会随之溢出，这时脾气是发泄出来了，心里也很痛快了，但是在别人的心里却已经留下了气量狭隘的印象。

在一次庆功宴会上，有一位年轻的士兵不小心将菜汤洒在了一位将军的秃头上，众人目睹此景，不禁骇然，士兵更是吓得目瞪口呆，手足无措。不料，此时将军竟幽默地对士兵说："年轻人，你以为用这种办法就能治好我的秃头吗？"这是一种非常好的化解尴尬的办法，如果该将军大发雷霆，狠批士兵一顿，既不能挽回已经发生的错误，又会造成更恶劣的影响。

没有人会喜欢乱发脾气的人，也没有人会容忍你的脾气，想要保持一个好的气度，就要对任何事都有耐心和宽容心。比如，当工作出现失误的时候，批评下属、摔杯子都是毫无意义的，应该仔细排查失误原因，进行及时补救。

西晋南安郡人朱冲，自小品行卓绝，非常好学，喜好清静，为人宽厚、仁义。因家境贫困，他一直过着半耕半读的日子。有一次，邻居家的牛丢失了，认为朱冲的牛就是他家丢的那头，便把朱冲的牛牵回了家。后来，邻居在树林中找到了自己的牛，感到非常惭愧，于是把牛还给朱冲，结果朱冲反邀请对方到家里吃饭欢庆牛失而复得。

还有一户人家，总是故意让牛去吃朱冲家的庄稼。朱冲每次都带上自己割的草，然后把对方的牛牵着送回去，没有丝毫的怨恨和生气。牛主人非常惭愧，从此以后再也没有重复以前不好的行为。

朱冲的气度深深地感染了乡邻，他们都主动找到朱冲道歉，形成了一股非常好的风气。

能控制住自己的脾气，在遭受某些不公正的待遇之后仍能心胸宽广、心平气和，才是一个人素质高的体现。曾国藩在长沙岳麓书院读书时曾与某生同住一寝室。某生的脾气暴躁，他的书桌距窗口好几尺，曾国藩为了取光，将自己的书桌移动到窗前，某生见了大为恼火，说：“我的光线被你挡住了！”曾国藩赶紧和气地说：“那么我的书桌该放在哪儿呢？”那个人指指床边，曾国藩乖乖地把书桌搬了过去。又有一次，曾国藩熬夜读书，某生又大为恼火，说：“平时不读书，现在却如此吵闹！”曾国藩听了，立即改为低声默读。曾国藩的行为不是懦弱，而是具有大气度的表现。

这个世界上不会所有东西都如你所愿，当现实与个人愿望相违背的时候，应该做几个深呼吸，心平气和地去接受或者积极改变，发脾气只能说明你气度不够，说明你对于解决问题毫无办法，说明你的心态失衡。

为不足挂齿的小事发怒不值得

有一对夫妇在吃饭时闲谈，妻子也没太注意，随口说了一句丈夫不爱听的话，丈夫就反驳了一句，妻子也不饶人。最后，两人心中不快，很快就争吵起来，直至掀翻了饭桌，拂袖而去。

在现实生活中，这样的例子非常多，无论是夫妻生活还是同事相处、邻里交往，往往是因为一件不足挂齿的事情而产生纠纷，最终伤害了彼此的感情。

王先生本来是人力资源副经理，升职后成了产品开发经理，公司把未来的几个重要任务都交给了他。这几个任务关乎到企业未来的发展，所以王先生每天都非常忙，每天都加班到九点多才回家，甚至在家里都要工作。

王先生的妻子很不高兴，她抱怨王先生陪她的时间越来越少。而王先生也整天没有一个好脸色，因为项目开发进度严重拖沓，他已经被老总骂了好几次了，这次在饭桌上又听到妻子在埋怨自己，他就气不打一处来。正巧，王先生吃到妻子做的排骨，味道很咸，可能是盐放多了，王先生就一口吐在桌子上：“菜做得这么咸，你到底有没有用心做饭？我每天这么忙这么累，回到家里还要吃这么咸的东西吗？”

妻子反驳说：“难道我每天不工作吗？就因为咸了一点你就对我大喊大叫吗？”王先生不依不饶：“我每天忙得要死你不知道吗？你的工作那么轻松，还饭都做不好，真是的！”两个人吵了起来，最后王先生摔门而去。

陈于陛说过：“天下有不如意事，不当忿激与争。”生活里有一些人很“敏感”，不仅总是喜欢一句一句地琢磨，对别人的过错加倍地抱怨，而且对于自己的得失也常常耿耿于怀，一旦发生偏差就会发怒，任何一点小事都会激起他愤怒的情绪，这样就使得他自己和周围的其他人活得特别累和痛苦。

美国研究应激反应的专家理查德·卡乐森说：“我们的恼怒有80%是自己造成的。”他这样归结防止激动的方法：“请冷静下来！要承认生活是不公平的。任何人都不是完美的，任何事情都是不会按计划进行的。”大事生气，鸡毛蒜皮的小事也要生气，那可就没有心情愉悦的时间了。

早在2000多年前，古希腊政治家伯里克利斯就向大家发出振聋发聩的警告：“注意啊！先生们，我们太多地纠缠小事了！”人生在世不过百年的时间，如果因为生活中鸡毛蒜皮的琐事而频频生气，不仅对身体不好，而且也影响心理健康，同时还会白白浪费自己的大好光阴。

东晋有个叫王述的人，这个人脾气很不好，曾在著名政治家、书法家，时任宰相王导的手下工作。那时候的官府中人，常常谈论一些玄学方面的问题，名为“清谈”。王导原本就是个爱好学问的人，再加上权高位重，每每他话音刚落，就会博得一片叫好。一次，大家刚为王导喝了彩，王述就火了，他奋力将手中的杯子摔向地板，呐喊道：“又不是什么尧舜禹，怎么他说什么你们都说好！”一场玄学探讨就这样被王述给搅黄了，以后再也没有人愿意跟他在一起清谈。

还有一次，王述在家里吃鸡蛋时，用筷子戳鸡蛋戳不着,竟然恼羞成怒，抓起鸡蛋就往地上重重一摔。奇怪的是，鸡蛋不仅没摔碎，还在地上滴溜溜打转。看到这一幕，王述更加生气，眼睛瞪得非常大，他抬脚就向鸡蛋踩去。可没想到，王述这一脚竟然没踩到。这几乎要把王述气死了，他弯身捡起了鸡蛋，也不顾是否已经变脏，囫囵个儿地塞进嘴里，使劲地嚼着，等咬到破碎后，立即吐了出来。

王述的蠢相固然好笑，但也直接点明性子急躁者无厘头的情绪和行为，其实只是跟自己过不去而已。在情绪的迷宫里，人很容易迷失自己，忙着走出去，静不下心来，就永远找不到出路。

百岁老人陈椿说过这样一句话："一件事情，如果想通了就是天堂，想不通就是地狱。既然活着，就一定要活好。"生活中的事会不会引来麻烦和烦恼，完全取决于我们怎么样看待和处理它。在遇到一些事情的时候，更要懂得：不能改变别人，就改变自己；不能改变事情，就改变对事情的态度。

下面是一则简朴而又真挚的打油诗《莫生气》：

人生就像一场戏，因为有缘才相聚。
相扶到老不容易，是否更该去珍惜。
为了小事发脾气，回头想想又何必。
别人生气我不气，气出病来无人替。
我若气死谁如意？况且伤神又费力。
邻居亲朋不要比，儿孙琐事由他去。
吃苦享乐在一起，神仙羡慕好伴侣。

有一位金代禅师栽种了许多兰花，他即将出游，便交代弟子照顾好兰花。可是一夜的暴风雨把兰花全部都摧毁了，禅师回来后，对弟子们说道："我种兰花，一来是希望用来供佛，二来也是为了美化寺庙环境，不是为了生气而栽种的。"

人生是短暂的，所以，生活中不要因一些鸡毛蒜皮、微不足道的小事而耿耿于怀，为这些小事而浪费你的时间、耗费你的精力是不值得的。

为什么对越亲的人越没耐心

很多人在面对自己至亲至爱的人时，经常会脾气暴躁，毫无耐心，对爱人大呼小叫，对父母不太尊重，当事后意识到自己发的火伤害到亲人时，又会产生强烈的愧疚感。那么为什么有些自控力很好的人会出现这种情况呢？人们又为什么会对越亲的人越没有耐心呢？

李雪红已经二十八岁了，在北京一家公司上班，生活各方面都很不错，只是工作太忙没找到男朋友。

李雪红每天最难受的时候就是下班后跟爸妈一起吃饭，她的爸妈常常在饭桌上告诫她要赶紧谈恋爱，赶紧结婚，这天她实在是忍无可忍了，就反驳道："爸妈，我知道你们是为了我好，但是又不是我不想找，是没时间，并且没遇到合适的，这事强求有用吗？"

李雪红妈妈赶紧说道："我看你一副不着急的样子，你是想气死我和你爸啊？我告诉你，别以为现在翅膀硬了，你必须得听我的话。"

李雪红有点生气："我自己的婚姻大事不用任何人做主，谈不谈恋爱是我的事，跟你俩没有任何关系，你们要是再提这个事我就再也不回来了！"说完，李雪红扔下饭碗，重重地关上门回到卧室。

过了一会儿，她听到在餐厅的老两口小声嘀咕："唉，孩子也不容易，可是我们不就是想让她有个归宿吗？"听到这里，李雪红心里也不禁愧疚起来，走出去跟两位老人道了歉。

回想一下，我们哪一个人没对自己的亲人发过火？我们的炮火曾经对着自己的母亲、爱人毫不犹豫地发射出去，我们还用自己都没有想到的大嗓门吼他们，尽管那并不是我们的本意。我们总是这样，在与外人相处时，还可以控制住自己暴躁的情绪，但是在家里似乎就再也无所顾忌。

这其实在心理学上是有解释的。相对于亲人，我们常常对"外人"更有耐心，因为毕竟彼此不熟、不了解，想要跟对方配合默契是需要充分沟通的。但是亲人却会让我们很有安全感，在我们看来，家人是最了解最支持也是最懂我们的，"如果家人不了解自己，那么这个世界还有谁可以了解自己？"这是我们对家人的期待，一旦期待成空，我们就会失望和生气。这种想法和行为，就是把个人的主观意志强加到亲人身上，总觉得亲人就应该是这样的，而不是那样的。

再加上长时间生活在一起，有什么话都是敞开了说，有人就会觉得反正大家都是一家人有什么问题都可以说，这就导致耐心越来越少，一言不合就会引起争论，导致吵架的发生。

而且，家庭是一种紧密的社会关系，它拥有一个非常包容的氛围，所以，很多人在外面受了委屈或者压力，只能在家中进行宣泄。在这种情况下，家庭成员应该给予谅解。但事实上出现的情况往往是过分地宣泄，你在公司里被上司骂了一顿，回到家里只想对自己的家人喊上几句，缓解心理压力，殊不知这样做只是把家人当成了"出气筒"。这种情况下，你的压力是缓解了，你的家人却受到了伤害。

2015年春节期间，一条"为什么跟越亲的人越没耐心"的话题在微博里引起热议，很多正在家里过年的年轻人都纷纷发微博讲述自己跟家人生气的经历。

众多网友纷纷表示在家里因为菜的咸淡、赖床等小事都跟家人闹过别扭，甚至是被批评几句懒散的作风都要跟父母顶两句嘴。过年气氛热烈，他们也不想一年就回来一次还跟父母吵架，可是有些话不自觉地就说出口了，想道歉也晚了。

大年初四，程女士的女儿带着4岁的孩子“回娘家”，心疼外孙女的程女士做了很多好吃的，她一直给外孙女喂饭，女儿就埋怨说这样会让孩子养成不好的习惯，当着全家人的面，女儿说话声音越来越大，程女士只能强忍着泪水。

国学大师季羡林曾写过一篇关于家庭的文章，里面说道：“夫妻、父母、子女之间，有时难免有不同的意见，如果一方发点小脾气，你让他(她)一下，风暴便可平息。等到他(她)心态平衡以后，自己会认错的。此时，如果你也不冷静，火冒三丈，轻则动嘴，重则动手，最终可能告到法庭，宣判离婚，岂不大可哀哉！父母兄弟姊妹之间，也有同样的情况。结果，一个好端端的家庭，会弄得分崩离析。”

国外有一个故事，讲的是一个男人每天下班回家后，都在家门口的大树下站一会儿，他的解释是自己每天工作受了很多气，他把不愉快告诉给大树，这样就不会对妻子和孩子发火了。

亲人永远是我们最重要的人，在任何时候你都不能对他们发火，当然也要尽可能地容忍他们发火，别因为一时冲动就伤害了一直陪伴在我们身边的至亲。

忍耐是暴脾气的天敌

王安石说："忍一时之气，免百日之忧，一切绪烦恼，皆从不忍生。莫之大祸，起于斯须之不忍。"生活中很多冲突和矛盾都是源于一时的"不能忍"，当暴躁的情绪平复下来时，静静回想你就会后悔：我当时怎么那么冲动，为什么这么点儿小事都忍不了？其实，这都是一时之间的暴脾气，发脾气时不考虑任何后果，结果把自己置于了危险的境地。

李晓丹在一家留学中介做文书，她与留学顾问陈玲做搭档。陈玲比她大三岁，经验丰富一些，平时负责跟客户沟通，而李晓丹则是做一些资料的收发和归档。渐渐地，李晓丹就有些不满意，她总觉得陈玲不过是比自己大三岁早工作了几年而已，却总是一副领导的姿态，对自己呼来唤去。陈玲还会批评李晓丹，比如，当李晓丹的文书准备得慢了，就会严厉批评，更过分的是还塞给她另一份文书，却还要求加快速度。

李晓丹就气不过，她觉得两个人明明是搭档，又不是上下级的关系，是不是看自己好欺负就如此对她。

有一次，陈玲又批评了李晓丹几句，李晓丹就把手里的键盘用力一摔，对陈玲喊道："你每天都这样！你干吗这样欺负我，我告诉你我也不是好欺负的！我今天就不干了！”李晓丹愤愤地辞了职，又踏上了找工作的路。

“忍”是汉字中的会意字，心字头上一把利刃，其意义不言自明。在《说文解字》中，“忍”字是谦让不争之意，恰如其分地概括了中国几千年历史中最为精华的内涵。古语有云：百忍成金，孔子也曾说“小不忍则乱大谋”，足见忍让对我们来说多么重要。无论是同事间，还是邻里间，无论是朋友间，还是夫妻间，都需要相互忍让，一定要防止暴脾气的出现。

许多人往往喜欢说：“我的忍耐是有限度的！”然后就肆无忌惮地发火，觉得这样就会解决问题。其实，发火恰恰是一个人不够强大的表现，而这种“忍耐的限度”更是限制了他的成就。聪明的人都明白：在做人问题上，忍让是处世的良方。当一个人被怒火冲昏了头脑的时候，他很容易做出一些不经大脑思考的冲动举动，也最容易伤己伤人。富兰克林说得好：“愤怒是起于愚昧，终于悔恨。”所以，我们要懂得用忍耐来抑制暴躁的脾气。

苏轼《留侯论》讲道：“古之所谓豪杰之士者，必有过人之节。人情有所不能忍者，匹夫见辱，拔剑而起，挺身而斗，此不足为勇也。天下有大勇者，卒然临之而不惊，无故加之而不怒。此其所挟持者甚大，而其志甚远也。”被同事欺负一下、被路人欺负一下等，这些都是生活中躲避不了的事情，在这些事上不能忍，只能说明你心智还不够成熟。

我国古代有非常多关于忍耐的故事。韩信甘受胯下之辱而后受封齐王，勾践能够卧薪尝胆而成就千秋霸业，张良屡次为老人捡鞋得受《太公兵法》，成大业者都在于其能够忍一时之愤，在逆境中懂得顺受，韬光养晦，等候时机。还有诸葛亮出师北伐，但是司马懿坚守不出，两军对峙百余日，诸葛亮知道自己将不久于人世，心中着急，加之北伐远征，耗费巨大，兵粮不足，便加紧派人挑战司马懿，叫骂、喊话，司马懿就是不出来。诸葛亮还特意给司马懿送了一套女人衣服，表示司马懿就像女人一样，司马懿坦然接受，仍然不出来。最后，拖得诸葛亮命丧五丈原，空留遗憾。

很多人认为“忍耐”是没出息，是忍气吞声。这显然是对“忍耐”的误解。真正的“忍”绝不是无原则的委曲求全，而是待人接物的坚持原则，正如苏轼所说：“夫君子所取者远，则必有所持；所就者大，则必有所忍。”

佛家有一段著名的对话。寒山曰：“世人谤我、欺我、辱我、笑我、轻我、贱我、恶我、骗我，如何处置乎？”拾得云：“只是忍他、让他、由他、避他、耐他、敬他、不要理他，再待几年你且看他。”忍耐不是无能、无奈，而是以低调展现出自己的气度和胸怀，是对自己的急性子进行的约束。

急性子的改造，需要你去主动约束，并严格规范自己可能因为暴躁、冲动做出的不好行为。那么，牢记一些关于忍耐的名言、故事，能够有效地帮你在关键时刻给急性子“降温”，从而遏制住暴脾气。

福来了莫张狂，祸来了莫乱套

小说《白鹿原》中有一段富有哲理的话：“世事就是俩字：福祸。俩字半边一样，半边不一样，就是说，俩字相互牵连着。就好比箩面的箩筐，咣当摇过去是福，咣当摇过来就是祸。所以说你们得明白，凡遇好事的时光甭张狂，张狂过头了后边就有祸事；凡遇到祸事的时光也甭乱套，忍着受着，哪怕咬着牙也得忍着受着，忍过了受过了，好事跟着就来了。”这段话是至理名言，但至今仍有许多人在得意与失意之间不能控制自己的情绪，得意时忘形，失意时落魄。

好莱坞明星安妮·海瑟薇因演出《悲惨世界》的“芳汀”一角，先拿下了金球奖，后又夺得了奥斯卡金像奖最佳女配角奖，在2013年走向演艺事业的高峰，但是也是在这个时候，新闻媒体爆出了许多安妮·海瑟薇“耍大牌”的新闻。

工作人员更向美国《明星》周刊爆料，表示安妮·海瑟薇要工作人员尊称她为“海瑟薇小姐”，“安妮”不能随便乱叫，否则她会不客气地大声斥责对方，还会纠正别人，爆料者还说：“即使是和她共事好几年的人也没有例外！”

有很多急性子的人性格开朗活泼，但是同时又常常把情绪流于表面，高兴的时候就特别欢乐，一举一动都非常轻快；有麻烦事的时候就变得阴沉，显得举足无措。这种心态会严重地影响我们的生活，当你得意时，被无数地鲜花和掌声围绕着，头脑若不能保持冷静，便会做出不恰当的事；当你失意时，面临着举步维艰的处境，若没有一个淡定自若的心态，更是没有办法重振旗鼓，甚至会影响身心健康。

塞翁失马的故事想必每个人都听说过，老子讲：“祸兮，福之所倚；福兮，祸之所伏。”意思是，祸是造成福的前提，而福中又含有祸的因素。也就是说，好事和坏事是可以互相转化的，在一定的条件下，福就会变成祸，祸也能变成福。所以往深处看，福祸其实没什么大不了的，也就没有必要因为一点点成就而得意，因为一点点挫折而失意。

马寅初先生有一句名言：“得意淡然，失意坦然。”就是告诉人们，保持一个平和的心境更加有利于生活，要相信一切都是最好的安排，无论是福还是祸都要淡定自若，保持喜怒不形于色，否则按照急性子的特点，是很容易“乐极生悲”的。

唐代“半俗半僧”的著名诗人，也就是“身在此山中，云深不知处”的作者贾岛，人称“诗囚”，此人日日潜心研诗已达忘我境界。他每日骑驴沿街游走，驴走驴的路，他想他的诗。

有一次，他看到一片水面，突然想到一句“秋风吹渭水”，可是想了许久却想不出下一句，他便开始全神贯注地苦思冥想。后来，偶然间得“落叶满长安”一句，他便喜不自胜，猛拍驴屁股，没想到连人带驴冲撞上了长安的行政长官刘栖楚的大驾。结果“诗囚”真的变了“囚徒”，被关了一夜。

再说唐末五代时期冯道，自号“长乐老”，他经历了四朝，辅佐了十帝，三入中书，居相位二十余年。在任河东节度掌书记时，奉命出使中山国，路过井陉关险隘之地害怕马有失足，便处处小心，时时提防，紧握缰绳不敢放松，一路把心都提到了嗓子眼，总算是到了平地，以为太平无事了，他“平地脱缰”，结果一下子从马背上摔下来受了重伤，差点要了性命。

正如范仲淹所说：“不以物喜，不以己悲。”其实不管是急性子也好，还是慢性子也好，都应该做到“福来了莫张狂，祸来了莫乱套”，身心强大的人不会因为周边环境而改变自己的心境，但是会合理地调动自己的情绪。该高兴就乐呵呵的，但是要保持警惕，不能得意忘形；在遇到麻烦事时，就赶紧寻求解决办法，而不要过度地沉浸在负面情绪里，这样才能够掌控好生活的风帆。

坏脾气该如何避免伤害他人

生活中有很多人都有一个急躁的坏脾气，这些人心地不坏，但是遇到事情总是抑制不住内心中的急躁、愤怒，开始乱发脾气。他们就像一只只刺猬，时不时就竖起尖锐的利刺刺向别人，使得周围的人不敢靠近。

2007年夏天，小付在一次宴会上认识了一个女孩，女孩名字叫婷婷。他被深深地吸引了，立刻对其展开了追求。两年后，小付和婷婷步入婚姻的殿堂。但不久之后，小付就高兴不起来了。

婷婷是一个很有脾气的女孩，小付以为她的无端发火是在乎自己，就不断暗示自己要充分理解她。小付一直觉得自己对婷婷好一些，不让她受委屈，婷婷乱发脾气的毛病自然就会改掉。

然而事与愿违，婷婷的脾气愈演愈烈。尽管小付处处让着婷婷，只要婷婷发火，他就立刻道歉，还去哄她高兴，但是婷婷发脾气的频率却越来越高。渐渐地，小付也越来越没有了耐心。小付不想跟婷婷吵架，于是总出门避开争吵，可是回家后发现婷婷总是坐在沙发上等着他，然后继续发脾气。

这天是婷婷的生日，小付为婷婷的生日礼物准备了很长时间，他打算一下班就回家给她惊喜。可是当天下班时，上面突然通知要加班，还要开会，小付给婷婷打电话解释，婷婷不由分说挂掉了电话。等小付回到家里，婷婷就开始发脾气。小付不知道该怎么办才好，他很爱婷婷，可是这样的生活又能持续多长时间呢?

其实，任何的坏脾气都是可以控制的，像小付这种情况，他应该跟妻子多做沟通，没有人会无缘无故地乱发脾气，很多无理取闹的背后都是有着深层原因的。如果你是一个喜欢乱发脾气的人，就要静下心来思考一下自己是为了什么而乱发脾气，弄清楚了缘由，你才能够控制自己的暴脾气。

有人会说："我是经常生气，但是我从来不跟别人发脾气。"即便不对人发脾气，自己一个人生闷气也是不好的，它是会影响你自己的心智和身体健康的。有效地控制坏脾气的影响，才能够提高我们的生活质量，同时给我们带来更好的人际交往。

当你想要对人发脾气的时候，应该做几个深呼吸，或者独自冷静一会儿。静想个三分钟，你就会发现事情有很多种解决方式，而冷静与心平气和绝对是上策。谁也不愿意自己的心灵被"钉"得千疮百孔，那么就请控制好自己的脾气与嘴巴。

如果是那种经常发脾气的人，可以在家里安置一个沙袋，想发脾气的话就戴上拳套在沙袋上尽情发泄。这种办法是非常管用的，许多人在心情不愉快时，会使自己陷入一种含有敌意的沉默当中。实际上，如果能把这种不快表达出来，便会感到某种真正的轻松和愉快。

关于控制坏脾气的方法还有以下几种。

1. 学会转移

转移是一种非常实用的办法，当怒火上涌的时候，你须立即从当事人面前走开，马上转移注意力，把问题放到两个小时之后再来处理。如果余怒未消，可以进行一些如看电影、听音乐、下棋、散步等有意义的轻松活动，这能使你的紧张情绪很快就会放松下来。

2. 学会宣泄

危害人体健康的不只是一时之间的怒火，在生活中，我们会积累非常多的不良情绪，比如悲伤、郁闷、烦躁等，这些情绪淤积在体内会给人带来很多消极影响，所以宣泄不应该只是在发怒时宣泄怒火，其他不良情绪也应该及时排解掉。如上面提到的打沙袋就是一种非常好的发泄方法，在日本非常流行，甚至有专门的打沙袋会馆，可以把老板的照片绑在沙袋上尽情地打。

除此之外，跟自己的至亲之人好好谈谈心，或者大哭一场，这样也可以有效地释放内心淤积的情绪。

3. 自我安慰法

《伊索寓言》里有这样一个故事：一只狐狸因为吃不到葡萄，就安慰自己说："这葡萄应该是酸的，不吃也罢。"这种酸葡萄心理看上去有点自欺欺人，但是在某些时候还是非常管用的，比如，在生活里当某件事情没有达到自己的要求时，你完全可以运用一下这种心理安慰自己，这远比因得不到的东西而气急败坏，用尽手段也要得到更好。

4. 语言节制法

很多人情绪激动的时候总要大喊大叫，用一些激烈的词汇跟对方争辩，甚至让脏话脱口而出。这一点是必须要克制的，当我们发火的时候首先要记得先闭上嘴巴，无论如何都应当先缄默，做到这一点，你对坏脾气的掌控就有一半的主动权了。

5. 环境转换法

在情绪异常不稳定的情况下，可以立刻离开所在环境，到公园去看看美景，或者打开电视机看看喜欢的节目，享用一些让人胃口大开的美食，这些方法都能够有效地帮助人们缓解情绪。当然了，如果你能够换位思考，让自己置身于对方的环境中思考一下，这也是很不错的，你一定能够因此而宽心许多。

改善坏脾气是一件长期的事情，但并不是无法做到。只要你有心改变，并严格按照上述方法去做，建立一个平和的心态，在心里挂一个"制怒"的牌子，时刻告诫自己，那么你发脾气的次数一定会越来越少。

章3

耐不住性子，直言快语伤人伤己

与人争辩，赢了也是输

有很多急性子的人口才特别好，他们思维灵敏活跃，反应速度也快，常在别人说出半句时，就已经想好回复的话。这种能力利用得当是一件好事，但是如果不能很好地控制就会得罪很多人。

陈一方是某汽车店销售员，他刚工作没多久，一心想要凭借自己的努力多卖几辆车子，赢得领导的认可。

这天，来了一对夫妇看车，陈一方赶紧迎了过去，微笑道："您好，您希望购买什么车型，我给您做引荐。"男的说道："我们随便看看，这里的车好像没有XX品牌好吧。"

陈一方有些急，心想：那你来我们这干嘛？他说道："先生，不是这样的，我们的品牌在去年的销售量上要比那个品牌高一些，您不接触这些，不了解也是自然的。"

男的又说："那你说说这车有什么优点吧。"陈一方说："优点有很多，比如省油……"

陈一方还没说完就被打断了，那个女的说道："省油？我同事买的就是这个车，她说一点儿都不省油。"陈一方赶紧辩解："女士，那可能是您的错觉，我们的省油专利是经过国家认证的，能够同比省油30%，您看这是一份报告，上面的曲线清楚地表示了省油量……”陈一方拿出一份厚厚的文件，那对夫妇看了连连摆手，说道：“好吧，省油省油，看来是我们错了。”然后转身离开了汽车店。

为一件事情而争论是生活中非常常见的场景。进行适当的争论当然是没有任何问题的，但很多人偏偏很喜欢那种在争论中战胜别人的快感，于是便常常耐不住性子，不分场合地争论。跟同事之间非要争个高下，跟上司也要争论两句事情的对与错，不管跟谁都要争论几句，这类人的人缘是很差的。

争论是很伤人际关系的。正如本杰明·富兰克林所说：“如果你老是争辩，反驳，也许偶尔能获胜；但那是空洞的胜利，因为你永远得不到对方的好感。”争论永远都不可能让你成为赢家，即使你赢得了争论，人际关系上你却已经输得一塌糊涂。因为你的胜利是要以对方承认自己的错误为前提的。因此即使你赢了，你能够洋洋自得，但你会使对方自惭。你伤了他的自尊，在之后的工作中，你再也别想和他愉快地“玩耍”了。

正因为争辩是要战胜对方的，所以我们才要极力避免。有人可能会有疑问：对于某件事情保持求真欲，通过辩论得知真理难道不对吗？当然不能这么说了，要知道在争辩中即使对方屈服，也是屈服于你的口才，而不是屈服于你的道理，所以争辩是无用的。

戴尔·卡耐基曾经参加一次宴会。宴席中，坐在卡耐基旁边的一位先生讲了一个幽默的笑话，并引用了一句话，该先生说：“嘿，这句话出自《圣经》，我早已经烂熟于心。”

但是，卡耐基知道这位先生说错了，这句话应该出自《哈姆雷特》。卡耐基就好心提醒他，那位先生却好像被踩了尾巴一样叫道：“什么？你说它是莎士比亚说的？那不可能！我告诉你，我每天都阅读《圣经》，怎么可能出现这种错误！”卡耐基也有点倔强，就跟这位先生争论了几句，两人没办法只好去找一位大学教授评判，这位大学教授研究莎士比亚的著作已经几十年了。这位教授说道：“这位先生说的没错，《圣经》里有这句话。”

卡耐基感到很不可思议，他日后私下里找到那位教授，向教授表示质疑，教授解释道：“这句话出自《哈姆雷特》第五幕第二场。可是，我亲爱的朋友，我们是宴会上的客人，为什么要证明他错了？那样会使他喜欢你吗？为什么不给他留点面子？他并没问你意见啊！他不需要你的意见，你为什么要跟他抬杠？你应该永远避免跟别人正面冲突。”

这件事后来被卡耐基写进了自己的畅销书里。

争辩是一种既浪费时间而又讨人嫌的行为，我们要做到就事论事、求同存异，如果对方固执己见，那就随他去好了，如果硬要跟对方较个高下，你会很容易失去这个朋友。所以，当我们与别人意见相左的时候，一定要耐住性子，忍住开口的冲动，听对方说下去，然后说出自己的观点，但一定记住不求争辩过对方。这并不是说要我们放弃个人思想而去跟随别人，这是一种尊重的智慧——表达观点不用抢着说话，所以下一次当我们再遇到这种情况时，请安静坐好，听对方先说话。

急于抱怨只会让事情更糟

美国作家威尔·鲍温写了一部超级畅销书，叫做《不抱怨的世界》，在美国《时代周刊》与《纽约时报》发起的“影响你一生最重要的一本书”投票中高居第二。全书只有一个主旨：“抱怨不如改变。”抱怨是最消耗能量的无益举动，是一种可以传播的负面消极情绪。当一个人抱怨连连时，身边的人也会受其感染，最后导致周围的人都变得情绪低落，毫无斗志，习惯抱怨的人总会引起别人的反感。

刘海清非常苦恼，在单位辛苦10年了，一直在副总的位置上停滞不前。前不久总经理位置有空缺，他满以为自己会“转正”，结果总经理的位置却给了一个工作没几年的年轻人。

刘海清很郁闷，没有功劳也有苦劳吧，几次升迁的机会都化为乌有。是什么原因呢？他也说不清楚。直到一位即将退休的老同事出于关心，透露了一点小秘密，原来是他爱抱怨造成的。

刘海清这个人很老实，也没什么别的心思，就是爱说话，也比较诚实，总是把一些有的没的话说出来，而且不分时间、场合，更不考虑别人的感受，即便很多事跟他没关系，他也喜欢发表议论，常常一个人自言自语。比如，同事上班迟到了，领导批评了几句，挨批评的同事没有意见，刘海清却把头伸到身边的同事那儿："领导管得太严了，一点都不体贴下属。"再比如，刘海清的工作有些棘手，他就自己跟自己抱怨："哎呀，命不好啊，摊上这么个活儿。"

即便是在中午一起吃工作餐的时候，刘海清的嘴也闲不下来，说什么菜咸了、不好吃、天真热等，导致后来刘海清吃饭的时候都是单独一个桌，没人愿意跟他坐在一起。

抱怨是一种消极的负面情绪，当某件事情出现问题的时候，不停地抱怨是毫无用处的，它既不能将问题解决，又会把消极情绪传递给别人，反而让事情变得更加糟糕。

虽然你是个急性子，习惯于把对事情的看法脱口而出，比如，"好漂亮""好厉害"等，但同时也会有一些抱怨的词汇出现，如"太累了""怎么又加班""雾霾好重"等，没有一个人，即便是你的亲人，也不会愿意听到这些负面词汇。再说了，发太多的牢骚只能证明你缺少能力，无法解决问题，所以才会将一切的不顺利归于客观因素。

抱怨是会严重影响集体情绪的。尤其当一群人在一起休闲的时候，想要聊一些放松的话题，突然有一个人开始不停地抱怨起来，试想一下，这种情景是有多扫兴。所以，不管你是不爽、郁闷、忧伤，还是单纯地"吐槽"，最好把这些话语咽到肚子里，多说一些积极向上的词汇，带动出一个积极的氛围。

《不抱怨的世界》中讲了一个老故事：两个建筑工人坐下来一起吃午餐，其中一个打开饭盒就抱怨："天啊，肉卷三明治，我讨厌它！"他的朋友什么也没说。第二天他更火大了，对着饭盒喊："怎么又是肉卷三明治？我痛恨它！"他的朋友仍然保持沉默。第三天，这个人再次怒吼："我受够了日复一日都是一样的东西！"朋友便问他："为什么不叫你太太做点别的？"他满脸疑惑："你在讲什么啊？我都是自己做午餐。"

这个人厌倦了自己做的午餐，每天大为恼火却不改变，只会抱怨。抱怨有两大害处：一是浪费时间，每抱怨一句就浪费一点点时间，并常常因此而错失补救的机会；二是让人越来越消极，它消磨掉一个人的积极性，让人最后变得对所有事情都失去耐心。

有句话说得好："与其抱怨黑暗，不如点亮蜡烛。"现实跟想象是有差距的，不会总是如人所愿的，即便只是一些无心的抱怨，它也会在潜移默化中影响周围的人。所以，与其抱怨不如改变，在遇到麻烦事时，一定要控制好自己的嘴巴，先不要急着抱怨，想想解决问题的办法，多多展开实际行动，事情就会往好的方面发展。

听别人把话说完，再下结论

急性子的人总是喜欢打断别人说话："好了，我知道你要说什么，可是……"或者是："我明白……"这种做法会给他人留下极度自负和不礼貌的第一印象，只有居高临下的人才会打断别人。有些人肯定不同意这种说法表示："自己确实明白了对方的想法，为了不浪费时间而打断他，不是很正常吗？"

既然叫沟通，就是双方面的，不给对方说话的机会还叫什么"沟通"？更何况谁也不可能真正明白对方想说的是什么，妄下结论往往就会造成许多错误。

某私营企业的老板正与几个客户洽谈生意，谈得有眉目的时候，老板的一位朋友来了。这位朋友贸然插进了这么一句话：“哇，我刚才在大街上看了一个大热闹……”接着就滔滔不绝地说开了。老板示意他不要说了，而他却仍自顾自地在那儿说个不停。客户见谈生意的话题被打乱了，就对那老板说：“你先跟你的朋友聊吧，我们改天再谈吧。”客户说完就抽身走了。就是因为这位朋友的胡乱插话，那位老板损失了一笔很大的生意，他对他那位朋友十分恼火。

不轻易打断别人，往小了说这是懂礼貌，往大了说这是尊重他人。有一些人性子太急，觉得自己领悟能力超强而且时间宝贵，往往不等别人把话说完就中途插嘴，这种急躁的态度往往会给对方一种不尊重的感觉，而且往往会因为错判对方的想法而造成严重的失误。

英国哲学家培根曾说过：“打断别人、乱插话的人，甚至比发言冗长者更令人生厌。”我们每个人都会有情不自禁地想表达自己的时候，但假若不去了解别人的感受，不分场合与时机，就去贸然插话或抢接别人的话，这样往往会扰乱对方的思路，引起对方的不快，有时甚至会产生不必要的误会。

别人在讲话的时候，一定有他的理由和逻辑，我们有必要让他讲完，妄下结论是极为不好的行为，特别是当我们自以为对某件事情很清楚，实际上却一知半解的时候，即便对方长篇大论也应该有耐心地听下去。

听别人把话说完，哪怕并不赞成对方的意见，这体现的是一种风度，是一种理解和宽容，更重要的是只有听对方把话说完，我们才能知道对方的真实意图。随便接话是很不明智的，甚至会因此失去一次颇有建树的沟通。

张女士在市中心的一家百货商店里看上了一套衣服，她很喜欢这个款式，可是她又不确定会不会掉色，就问道：“这个衣服有没有掉色的可能？”

女售货员开始喋喋不休地推荐：“放心，绝对不会掉色的。如果您担心这款衣服掉色，那么还有这款……和这款，这都是今年新流行的款式。那边一大片区域是特价区，买一件加100元再送一件，款式任您挑。女士，我看您的打扮很新潮，那么这几款很适合您……”

张女士有些头大，她说道：“我就是问问手上这件衣服会不会掉颜色，我对别的不感兴趣。”这时老板出来了，老板一句话也没讲，而是听张女士把话讲完。然后老板才说道：“这件衣服有掉色的可能，但只要用盐水泡一下就好了。”张女士这才满意地点了点头，除了购买了这件衣服之外，还买了另外一件比较喜欢的款式。

诚然，某些人的讲话是冗长无味的，容易让人注意力分散，并很可能会因此而漏掉某句关键的话，但即使是在这种情况下，也不要轻易打断对方，而是要等对方把话说完，再询问：“抱歉，刚才中间有一两句你说的是……吗？”如果立刻就打断并要求对方重复一遍的话，就会让对方产生一种接受命令的被动感，对方自然是不满意的。

“让别人把话说完，天塌不下来。”充分倾听他人的讲话是非常有必要的，哪怕对方说得再难听也急不得。不管在任何情绪下，我们都要认真、耐心地听对方把话说完，让别人完整地表达出自己的全部想法，绝不能对别人的只言片语进行断章取义。请谨记，千万别让急性子毁了你“蓄谋已久”的一场谈话。

三思而后说

急性子的特点是心直口快，很多话不假思索就脱口而出，说话也不加修饰，只会一味地直说。殊不知世间万物皆有度，一次两次的无礼，或许别人会原谅你的心直口快所带来的种种烦恼和不愉快，但如果每次你的心直口快带给他人的都是反感和伤害，那就不是一种美德，而是成为了一种恶习。

办公室里有一位女强人霍宁，霍宁工作时间长，很受同事尊重，但是同事也都对她敬而远之，因为她有一张不饶人的嘴。霍宁工作起来一丝不苟，极为认真，一有问题就批评对方赶紧修正。比如，某某同事工作疏忽了一点，霍宁就打开嗓门大声吆喝："那个谁啊，你这个文件里标点错了好几个，下次可不能再错了啊！"

有人提醒霍宁："您性格直爽是优点，但是这快人快语实在是让人接受不了，您应该改一下。"霍宁理直气壮地反驳说："我这有什么错？对工作一丝不苟有错吗？我给年轻人指点指点有错吗？"

后来，在各年度的考评中，霍宁虽然工作成绩非常出色，但是群众满意度却始终不高，因此也影响了她的升迁。

有些人心直口快表现为直言提醒别人的缺点和毛病，比如，某人说错一句话，他就直言提醒：“哎！你说错了！”在大庭广众之下，丝毫不给别人留面子。尽管别人确实错了，但是每个人都是需要面子的，你完全可以委婉一些。所谓忠言逆耳，换位思考一下，如果别人常常在我们面前给我们纠错，你是不是也会受不了他？

口不择言的人，往往在给他人带来伤害的同时，自己也深受其害。因为一针见血地指出别人的缺点，他人可能马上就会恼羞成怒，错把你的善意当作恶意来对待，从此对你，要么敬而远之，要么置之不理。所以，在说话时千万别太鲁莽，否则总会伤人伤己。

所谓“心直口快”，“心直”从来都是优点，它是君子之心，以诚待人；但是“口快”则是缺点。随意指出别人的缺点、开别人的玩笑、调侃别人等做法，也许你的出发点是好的，但因说话不注意方式方法，只“想说就说”，完全不顾他人的心情和感受，最终你的话难免会刺伤别人，造成严重的后果。

对不熟悉的人来说，心直口快会让人莫名其妙地反感，即便是好朋友之间也很容易出现尴尬。就算你说的是诚心之语，但因场合和时间的不同，说出来也会刺耳和伤人。

丹尼斯最近遇上一件麻烦事，他老婆跟他吵架了，已经冷战好几天了。其实造成现在这种情况，他的同事难辞其咎。丹尼斯曾跟老婆保证以后再也不去酒吧喝酒了，他已经坚持了三个月的时间。可是就在上周五，丹尼斯下班早，加上同事们的盛情邀请，他也就跟着去了酒吧，稍微喝了一点儿就回家了。

没想到在周日陪老婆逛街的时候，丹尼斯遇见了同事，那同事走过来打招呼：“嗨！丹尼斯，周五你走得太早了，都没嗨起来。”丹尼斯赶紧打眼色，示意他别说漏了。可是同事却像发现新大陆一样：“噢！原来你老婆在旁边。丹尼斯，有什么嘛！男人嘛，去酒吧喝点酒又怎么样！嘿嘿，我先走咯！”

丹尼斯的老婆立刻勃然大怒，甩下丹尼斯就走了，回家就大吵了一架。他老婆表示：喝了一点点酒无所谓，问题是喝了酒还要骗她。丹尼斯真是没办法说清楚。

切记：嘴不能比脑子快。像上面这个案例中的同事是非常讨人厌的，明明已经知道说出这番话会造成不好的影响，却还贪一时口快，自以为在开玩笑，殊不知给别人的家庭造成了非常大的负面影响。

说话要三思而后说，明白什么该说，什么不该说，什么要委婉说，什么要直接说，脑子一热就祸从口出的人是不会受欢迎的。

不假思索地拒绝，伤害交情

在我们的生活中有一门功课必不可少，叫作拒绝，它学起来非常难，急性子的人可能会常常不及格。因为急性子的人已经习惯不假思索地拒绝，对别人说“不”，这样一不留神就会被人误会，引人反感，严重的可能失去交情，甚至有自毁前程的危险。

既然拒绝别人的后果这么严重，那我们以后是不是就要拒绝说“不”了呢？当然不是。这个“不”字有时是不得不说的，可我们拒绝他人时，一定不能硬邦邦地一口回绝，说“不”也是需要一定技巧的。拒绝他人时，尽量把“不行”这类概念模糊掉，让对方心甘情愿地接受我们的意见，这样，我们就既拒绝了对方，又给对方留足了面子，减少了对方心理上的挫折感。

杨彬在某公司做主管，一天晚上杨彬带员工们去了KTV，庆祝一下上个月取得的好业绩。期间大家都很兴奋，一个员工挤到杨彬旁边，笑嘻嘻地说道：“杨主管，明天是周五了，我家里有点事，想请一天假。”

杨彬眉头一皱，说道：“什么事？”

员工说道：“嗯……是我的一个朋友来玩，我打算请一天假，连上周末，玩上三天，他好不容易来一次。”

杨彬立刻否决道：“不行！这算是什么理由？你要是病了或者真有事，我肯定给你假，但你居然跑来说因为玩而请假，公司不能开这个先例。”虽然杨彬说得在理，但是周围同事听见这番话都不由得愣住了，气氛顿时变得尴尬，那个自讨没趣的员工也走了。

直截了当地拒绝相当于现场驳了对方的面子，会使对方颜面扫地，很是难堪，尤其在职场这种关系较为敏感的场所，太过直白地拒绝不仅会伤了对方的脸面，还会伤害以后的交情。所以，我们要学会委婉地拒绝，做到既能拒绝他人的要求，又能让对方理解你的苦衷。

钱钟书在拒绝别人时用了这样一个奇妙的比喻：一天，钱钟书在电话里对想拜访他的英国女士说：“假如你吃了个鸡蛋觉得不错，又何必认识那个下蛋的母鸡呢？”用下蛋的母鸡比喻自己，不但巧妙生动，而且还表现了钱老平易近人的性格，更巧妙的是他委婉而风趣地拒绝了拜访。钱钟书所用的方法就很不错，用幽默的比喻拒绝，总好过直言伤人。

当然，生活里大部分拒绝是用不上比喻的，但即便如此也不要强硬地拒绝，要学会在拒绝时说明自己的难处。很多人心里拗不过来，觉得是对方求自己办事，自己拒绝难道还要跟对方解释？当然要解释。因为对方不知道你拒绝的原因，而你的强硬的态度就好像表明对他有敌意一样，日后势必会影响交情。

耿林是一家私营企业的人事主管，公司所有部门用人都要通过耿林。

耿林的一位朋友知道他所在公司的企划部一直缺人，于是，想要毛遂自荐，到企划部工作。虽然缺人，但是耿林所在的公司用人制度还是非常严格的，耿林让朋友带着简历来面试，然而面试结果非常不理想，很显然不是做企划的料。耿林心里很是为难：让他进公司吧，养了一个庸才，还会破坏公司的制度，影响公司的利益和发展；不让他进吧，多年的朋友关系有可能僵化。

耿林考虑再三还是拒绝了朋友，他把朋友约出来谈心，说："我们公司的制度非常严格，不是我想让你进就能进的，让你来面试已经是我的最大能力了。你也看到了，面试结果并不好。我觉得你可以在家多学习一下关于企业策划的知识，然后再来面试，我觉得你可以的。还有你也可以去其他公司面试啊，你不是学平面设计的吗，会有很多公司要你的。你说对不对？"结果当然是皆大欢喜。朋友非但没有因为耿林的拒绝而埋怨他，反而非常欣慰耿林这么关心他。

我们要学会委婉地拒绝，用委婉的方式让对方理解自己的苦衷。做到这一点需要讲究方法，无论是面对对方无理的要求，还是普通的请求，想拒绝的时候要先动动脑筋，不要脱口而出"不行"，委婉而真心的谈话，将让我们的人际关系变得更为融洽。

轻易否定别人，即便有理也不易被接受

在讨论问题或商量复杂事情时，大家难免会有不同的意见和观点。然而不同的意见和观点往往是建立在否定他人的意见之上的，如果表达方法不巧妙，很可能会使别人处于尴尬的境地，甚至得罪人。

比如，大家都在讨论一件事情的解决方法，如果你性急地站起来说："你这个想法是不对的，他的想法也不好……"这样就会给人留下你爱出风头的印象，对方也会感觉非常没面子，从而也不会去考虑你的想法是否可行，而只会去纠正你的错误，甚至开始厌恶你这个人，这样的后果无论是在职场中还是生活中都是可想而知的。

公司例会上，轮到张庆发言，张庆阐述了一下公司上个月的业绩，并介绍了下个月的安排。这时，有个叫作李宇的同事举起手来，张庆示意他发言，李宇说道："我觉得我们的竞争对手在大规模铺货，我们也应该跟进，保持小幅度的降价，并赶快开发新的产品。"

张庆说道："你说的不对，竞争对手降价我们就跟着降价？这种做生意的方法太幼稚，我们要慎重考虑，就按照我刚才说的办。大家还有问题吗？"一番话说出来，在座的人都面面相觑，摇了摇头。

没过多久张庆就发现李宇精神萎靡，好像不待见自己。张庆也没好意思直接问，便问了自己的同事，同事告诉他："你那天一席话让李宇很没有面子，他最近很不开心，觉得自己受到了嘲笑，抬不起头。"张庆很诧异："有那么严重吗？我只是实事求是而已。"

心理学上有一种说法叫做"攻击性沟通"，意思就是说有的人说话的时候特别"呛人"，好像火药桶，而他本人却是无心的，这种人性格直爽，有什么说什么，也并不是故意"攻击"别人，就是脱口而出了一些在别人听来很难受的话。

当别人跟我们的意见相左的时候，急性子总想去反驳对方，第一句话往往是："你说的不对，你听我的。"在公共场合这样的话会让对方很没面子，换位思考一下，如果有人如此否定我们，我们是不是也会觉得难堪呢？所以，当这种情绪出现时，要紧紧闭上嘴巴，把生硬的否定词咽回肚里去。

总是习惯于否定对方是出于一种"我是正确的"的心理，然而这种心理并不是正确的。谁也不可能永远正确，同时谁也不可能永远跟我们一样，我们要允许别人跟自己不一样，学会尊重对方，放下"我是对的""我是唯一"的观念，甚至去向对方学习，看他的想法是否有可取之处。

韦方山是某公司A组组长，他们与雷威成的B组形成良性竞争之势，平时公司会给他们派任务，有一天雷威成提出来一个方案，韦方山当场就拒绝了，还表示：这么有风险的方案，要做就你B组做，别带上A组。

过了没多久，韦方山提出来一个方案，雷威成的B组一致反对。韦方山没觉得有何异样，继续规划方案，没想到第二次又被B组全票否决了，虽然最终决定权在领导手里，可是全体B组都反对，领导也不好违反民意，就点头否决。韦方山有些纳闷，这B组怎么处处跟自己对着干呢，难道真是自己的方案不好？

后来韦方山才想明白，是自己之前的否决太生硬了，让雷威成"怀恨在心”，于是，便让所有B组成员不论A组方案好坏，一律反对。

大家在讨论某一件事情的时候，有人提出一种方案，而你觉得不妥，你不妨这样说：“刚才某某提出的意见有一定道理，也是一种方法，但我觉得考虑一下另一种方法怎么样？”然后你再继续分析利弊。先肯定对方，再提出不同意见，这样显得公正和客观，也容易让人接受。

这是一种对别人的尊重，是一种礼貌，同时也是一种让你赢得别人好感的说话之道。职场中这种说话方式能够让你更好地发言，让别人看到你的想法又不至于损害了同事之间的关系；人际交往中别人也会喜欢你这种懂得照顾他人情绪的做法，给足了别人面子而又能够把自己的想法表达出来，我们何乐而不为呢?

与别人意见相左也不急着去反驳，这会让我们减少说错话的几率，也会让我们赢得其他人的尊重。哪怕对方的观点是错误的，被我们反驳掉了，对方也会“心服口服”的，不至于因为被否定而对我们心怀不满。

不分青红皂白地批评和指责，很可能错怪对方

生活中，常会有人犯错误让我们生气不已，好想大声地批评对方一顿，可是这样的冲动很可能会错怪对方，因为如果没有搞清楚事情的原委，就对其一通批评，不仅会让对方受了委屈，而且还显得我们鲁莽。

第二次世界大战期间，美国的约瑟夫将军奉命执行一次危险而紧急的任务，很可能有去无回，约瑟夫将军就让自己手下的士兵站成一排，他看了士兵们一眼，说道："这次，我们的任务既艰巨又危险！哪位愿意冒险担任这项任务，请向前走两步……"

此时，正赶上约瑟夫的参谋给他拿了一份战报，约瑟夫看了片刻，等他再次抬头时，发现长长的队伍仍是一条直线，没有一个人比旁边的人多向前两步。

约瑟夫将军非常生气，他觉得自己的手下怎么这么不争气："养兵千日，用兵一时，现在情况紧急，竟然一个人都没有……"

"报告司令！"只见站在最前排的人满脸委屈地说道，"我们每个人都向前跨了两步……"

这时，约瑟夫将军意识到，自己错怪了这队勇敢的士兵。

谈到说话办事技巧时，本杰明·富兰克林曾在自传中劝告世人说："建立人际关系的第一要则，就是不要责备对方。"美国前总统林肯也曾语重心长地说："责备与中伤是最愚蠢的行为。"在面对让我们生气的事情时，怒火会阻碍我们的思考，使我们放弃寻找事情的原委，而先批评指责对方一通，以达到平息怒火的目的。然而对方承受了太多的委屈，这很容易伤害感情，甚至还有可能引起吵架。

指责和抱怨他人是没有用的，除非他自己想明白。正如卡耐基所说："一百次中有九十九次，没有人会责怪自己任何事，不论他错得多么离谱。我们用批评和指责的方式，并不能使别人产生永久的改变，反而会引起愤恨。不要责怪别人，要试着了解他们，试着明白他们为什么会那么做，这比批评更有益处，也更有意义得多。"

下一次在批评别人之前，一定要先全面了解情况。如果不分青红皂白地急于批评和指责，就容易造成对别人的伤害。所以，我们需要改变不经分析就轻易对别人的做法进行对错判断的习惯。

有位医生接到紧急手术的通知后，立刻用最快的速度赶到医院。然而在路过患病男孩的父亲身边时，被该父亲吼了："你知不知道你来得很慢？你知不知道我儿子正处在极度危险的情况？你作为一个医生不在医院里守着，你是不是失职？"

医生苦笑道："抱歉我来晚了，我这就进去，您冷静一下。"那位父亲不依不饶："让我冷静？那里面是我的儿子！如果换做是你的儿子，你会冷静吗？我告诉你他要是有个三长两短，我就跟你们医院拼了！"

医生没有答话，进入了手术室。几个小时后，医生走出来，说道："您的儿子得救了，手术很成功。"说完就离开了。男孩的父亲又变得不满："这个人怎么如此傲慢？说完话就走掉，太不礼貌了！"旁边的护士听到这话后，眼泪掉了下来："他儿子前几天意外夭折了，我们叫他来为你儿子做手术的时候，他正在去墓地的路上，现在他要赶去参加儿子的葬礼。"

我们对别人的生活并不能确切了解，我们不知道对方正在经历着什么，当我们站在己方立场的时候，所看到的只是表象。比如，我们作为上司，有员工迟到了，不要急于去批评对方的迟到，可能早上堵车实在严重，或者该员工在昨天夜里有突发情况，我们想解决问题就要先去了解情况，不能不分青红皂白地批评一通，一味地责怪是没有办法解决问题的。

当然，有时候某些人真的让我们怒火中烧，但是即便如此，大发脾气、指责也是毫无意义的。只有学会把自己的情绪控制自如，才能够更好地与人沟通、共事，也才不会因错怪而造成伤害，从而赢得尊重。

一看穿就说破，面子不好过

急性子说话快，总是把对某件事的议论、评价脱口而出，常常会把事情“说破”，这就十分不好了，很容易影响人际关系，周围人也会因为“被说破”而变得十分尴尬、难堪，从而迁怒于我们。

比如，有时候在聚会中，同事、朋友吹点牛，我们点点头一笑了之就好，没必要非得跟对方较真，要对方证明自己没吹牛，这属于抬杠，是非常伤害人际关系的。

邢路参加了一次高中同学聚会，这些同学都好些年不见了，大家推杯换盏，气氛非常融洽。席间，有个叫“老赵”的同学有些喝高了，就开始讲述自己的事迹：“我当年，在一中里那是叱咤风云啊！一中谁不知道我？多少‘大事’都是我带头的，我平了多少事啊！哎，你们说是不是？”同学们点头应和，老赵继续说道“我记得有一次，咱哥儿几个逃课出去喝酒，回来上晚自习，班主任闻到一股酒味儿，就问是谁喝酒了，把你们几个给吓的，我当时就站起来说‘我喝的。’这勇气我现在都佩服我自己。”

这个时候邢路打断了老赵，说道：“哎呀，老赵，谁不知道你啊，别吹了，那回喝酒让班主任一顿揍，揍完站了一天墙角，又被找家长，你爸来了就给你一脚踹了个跟头，当时给我们乐的。”在座好多女生都笑了。

老赵脸色一下子变得很难看，干咳两声：“邢路啊，你这嘴损的习惯现在还没改啊？”邢路回道：“我怎么嘴损了？”老赵刚要说话就被旁边的人拉住：“来喝酒，喝酒。”

直到同学聚会结束，老赵都没再跟邢路说过一句话。

每个人都有面子，也都怕自己的面子失掉，有句话叫：“伤什么别伤面子。” 在大庭广众的场合下，见人之短即予说破将会使他人陷入难堪的境地，让人难于下台阶，搞不好就会破罐子破摔跟你较劲，同时还会因伤了面子，破坏关系。

所以，在与人交往中，既要看交往对象，也要看交往场合，很多时候都是要看破而不说破的。

面对不同的谈话对象要有不同的应对之策，比如：面对上司，上司们都喜欢讲一点自己的光辉事迹，我们耐心听就好；同事中有喜欢吹牛的，不喜欢听就不听，不要去拆穿对方；熟人之间可能放得开一些，但是涉及家庭等隐私时，仍要看破而不说破。尤其是当面对心胸狭隘之人时，一看破就说破，很容易祸从口出，好心变成驴肝肺。

在一次足球赛上，荷兰小飞侠罗本因为个人攻击欲极强，死活不愿意传球给队友，他一直单带，可是不断地失误，队友们十分气愤，跟着罗本跑却碰不到球，最终输掉了比赛。

在赛后的新闻发布会上，就有记者特意问主教练：“你觉得应该如何评价罗本在这场比赛中的表现？”主教练略一思考，说道；“我觉得，足球是一个团队运动，无论输还是赢，都是整个团队的责任。我只想说的是，火箭上天，靠的就是十几万人航天团队的协调动作，如果有人只顾自己单独冒进，那么，火箭是不可能顺利完成升天任务的。”

罗本听了这番话后，在发布会后亲自找到了教练道歉，之后就改变了自己的球风，开始跟队友积极配合。

在新闻发布会中面对记者的“长枪短炮”，即便是主教练，如果点名道姓地批评自家的超级球星，也会引发很不好的影响。教练看破罗本的缺点后，并没有当着众多媒体的面指责他“不爱传球”，而是用类比的方式说明了“所有队员要团结协作”的道理。这样，在不伤其自尊的情况下，使其领悟到自身的缺点，给足了台阶，一般人都会就此走下来的。

面对不同的对象，看破而不说破，有些话点到即止便可；面对不同的场合，看破而不说破，给所有人都留下面子；面对不同的时机，看破而不说破，懂得有些话该说，有些话不该说。

当然，这不是说我们要无原则、无条件地顺从对方，在关乎原则与自身利益的问题上，我们还是要明确地指出，但是在无关紧要的事情上，就完全可以看破而不说破：说破了对方尴尬没面子，对我们又有什么益处？

章 4

耐不住性子，急功近利注定要失败

“出名要趁早”害了多少人

张爱玲有一句名言，叫“出名要趁早”，被很多年轻人奉为经典。其实这句话也害了不少人，原因不在于这句话，而在于人们对这句话的理解错误。急性子的人总觉得时间不等人，仿佛过了二十五岁就再也没有机会翻身一样，把自己搞得特别着急，生活焦头烂额。为什么不停下来想一想，为什么要这么急呢？

孙琦今年26岁，他每天从早上忙到晚上，而且常常自怨自艾，总是对别人说：“我的时间不多了，我都26了，再不拼命就完了，你看人家那个谁，买了房；你看人家那个谁，买了车。我现在什么都没有，我一定要在30岁之前……”

孙琦为了实现自己的目标，除了本职工作外，还给自己找了一份兼职，每天下班后拖着疲惫的身体做兼职，经常要熬夜。连周末也看不到孙琦休息，他做什么事情都特别急，孙琦的朋友们都劝他歇一歇，孙琦反而非常生气，表示时间不等人，劝他歇息是害他。

李笑来在《把时间当作朋友》里写道：“我们总是对短期收益期望过高，却对长期收益期望过低。”急性子都太着急了，二十多岁就急着买车买房，急着结婚生子，急着担任一个CEO之类的职务……生活里很多事情是急不来的，尤其是关于成功。社会上有很多年少有为的人，什么“80后”CEO更是屡屡见报，如果坚持把这些人立为偶像实在是难为自己，每个人的能力、机遇都是不同的，不能一概而论，我们要走一条适合自己的路，而不是每天都急于成功，而忘记了生活的本质。

孔子曾经说过：“不患无位，患所以立。”意思是说不要担心没有自己的位置，而要担心自己用什么站得住。而“急性子”把这个搞反了：只担心没有自己的位置，却始终不明白自己究竟有何能力站得住。

出名，或者说成功不在于早与不早，只在于你是否有真正的实力和机遇，所以我们能做的应该是放平心态，努力提高自己，顺其自然，该来的自然会来。

美国有这么一个人，他5岁时就失去了父亲，14岁时从格林伍德学校逃学开始了流浪生涯，他在农场干活，做得不顺利，他在电车上当售票员，依然不开心。

他16岁谎报年龄参军，一年服役期满后，他去了阿拉巴马州，在那里他开了个铁匠铺，但不久就倒闭了。随后，他在南方铁路公司当上了机车司炉工，他很喜欢这份工作，他以为终于找到了属于自己的位置。

他在18岁时结了婚，仅仅过了几个月的时间，在得知太太怀孕的同一天，他又被解雇了。

接下来，当他在外面忙着找工作时，太太卖掉了他们所有的财产，逃回娘家。随后大萧条开始了，但他没有因为总是失败而放弃，他确实非常努力，别人也是这么说的。他曾通过函授学习法律，但后来因生计所迫，不得不放弃。他卖过保险，也卖过轮胎，他经营过一条渡船，也开过一家加油站。但这些都失败了。

有人对他说：“认命吧！你永远也成功不了。”后来，他成了一家餐馆的主厨，不巧的是有一条新公路要穿过餐馆，于是，餐馆倒闭了，他也到了退休的年龄。

时光飞逝，眼看一辈子都过去了，而他却一无所有。要不是有一天邮递员给他送来了他的第一份社会保险支票，他还不会意识到自己已经老了。

朋友们很同情他："轮到你击球时你都没打中，不用再打了，该是放弃、退休的时候了。"他们寄给他一张退休金支票，说他老了。

他收下了那105美元的支票，并将它用于开创新的事业。而他，也终于在88岁高龄时大获成功。这个人就是哈伦德·山德士——肯德基的创始人。

"忙"字的写法是"心亡"。盲目地着急成名或者成功是无意义的，甚至会拖累自己的生活。我们要懂得什么叫水到渠成，什么叫天道酬勤，如果我们有能力、有实力，那么机遇是从来不会缺少的。如果我们现在仍然默默无闻，那么应该思考一下自己还欠缺什么样的能力，还要补充什么，而不是整日瞎忙，因为急于成功肯定会给我们的生活带来伤害。

急于求成，只会加速失败的步伐

一些急性子的人开公司的第一年内就要求盈利；上学的本学期就要考进前十名；工作没几个月就想升职加薪……现如今生活节奏越来越快是不争的事实，但是我们步伐变快了，心态可不能变快。当人变得急躁时，做事就会不踏实，这反而会加速失败的进程。

公元1409年6月，明成祖朱棣命丘福为征虏大将军，率精骑10万，讨伐谋叛的鞑靼部可汗本雅失里。

大军出发前，明成祖朱棣考虑到丘福平素爱轻敌，特意告诫他说：“出兵要谨慎，到达鞑靼地区虽然有时看不到敌人，也应该做好时时临敌的准备。”临了还反复叮嘱丘福不要被敌人的假象所欺骗。

自信满满的丘福出征了。八月份到达了鞑靼地区，丘福率领一千多骑兵先行，行进到胪朐河一带时，与鞑靼军的散兵游勇相遇。这伙人不堪一击，被丘福追出去好远，俘虏了一个鞑靼小官，那人说：“本雅失里闻大军南来，便惶恐北逃，离这里不过30里地。”

丘福听了喜不自禁，他急于生擒本雅失里，立下军功，便号令骑兵乘胜追击。丘福的部下纷纷表示不可冒进，还拿出了皇帝的告诫。丘福仍不听信，表示“将在外君令有所不受”，骑兵们飞奔起来，与大部队拉开了距离。不久，骑兵就遭到鞑靼军的埋伏，丘福率队奋力抵抗，奈何无济于事。最终丘福与手下皆被俘遇害，麾下更是全军覆没。丘福终年六十七岁。

急躁的人做事情容易冲动、急功近利，希望用最小的付出、最快的速度赢得最大的回报，于是就出现了很多揠苗助长、杀鸡取卵的事情。但类似于揠苗助长的事永远都不可取，只有一步一个脚印，脚踏实地地做事，才能汇聚成最后的成功。所以，做事千万不可心存幻想，希望立竿见影、马到功成。

老子曾经说：“合抱之木，生于毫末；九层之台，起于累土；千里之行，始于足下。”生活里任何事都不能一步登天，都是经过深厚的积累才能够形成最后的成功。急躁的心态会让你忽略基础的沉淀，作出盲目的判断，进而导致失败。曾在叶问门下学拳的李小龙年轻气盛，叶问叫他站桩，他站了几天就不满意了，表示要学拳，叶问告诉他：“习武之人最重要的是要做到身心平静如水，站桩的时候就像一棵树，树高万丈在于根，你整个身心，要在你脚下的土地生根，根扎得越深，你的功夫就越深。”

《论语》中说：“无欲速，无见小利；欲速则不达，见小利则大事不成。”意思就是不要求快，不要贪求小利；求快反而达不到目的，贪求小利就做不成大事。谁都想快一点儿成功，拖拖拉拉的日子的确是不好过，于是，就有了一批人在追求成功的过程中，挑“捷径”，最终却误入歧途，害了自己的一生，成功也随之成了梦幻泡影。因此，我们在追求成功的时候一定要耐住性子，一步步地向前，要知道高楼大厦必须打好地基，才能建得更高、更结实。

曹操夺取荆州后，一时间觉得能够迅速横扫天下，于是他马不停蹄地率领二十多万水陆大军顺江东下，计划一举消灭刘备和孙权，实现统一全国的宏愿，结果被孙刘联军火烧赤壁，仓惶溃逃，败走华容道。

凡事不能“急”。有这样一则寓言：一位一心想早日成名的少年拜一位剑术高人为师。他迫不及待地问师父多久才能学成。师父答曰：“十年。”少年又问如果他全力以赴，夜以继日要多久。师父回答：“那就要三十年。”少年还不死心，问如果拼死修炼要多久，师父回答：“七十年。”急于求成只会一事无成，心浮气躁是成功的绊脚石，所谓越急越错，你的急只会加速失败的步伐，这无论如何都是要摒弃的。

凡事都不能一蹴而就

西方有句谚语：“罗马不是一日建成的。”急性子的人在职场上的表现尤为明显，他们工作努力认真，做事风风火火，特别在意自己今天做了多少任务，满以为这是高效率的工作，但往往是抓了一堆芝麻，西瓜一个也没捡着。他们好似充分利用了时间，实际是浪费了时间。不分轻重缓急，眉毛胡子一把抓，必然会贻误时机，事情将很难取得突飞猛进的发展。

一位成功人士曾谈起他遇到的两个人。第一个是性急的人，不管你在什么时候遇见他，他都是风风火火的样子。如果要跟他谈话，他就显得非常忙，不停地看手表，一副时间紧张的样子。虽然这个人很努力工作，但是他的业务做得七颠八倒，一点秩序都没有。因为他做事毫无头绪，想起什么就做什么，看上去非常忙碌，实际上都是在瞎忙。

第二个人与第一个人恰恰相反，从来都不忙忙碌碌的，永远一副悠然自得的样子。各项业务都安排得井然有序，做事按部就班，从不浪费任何时间，工作效率极高。

成功励志大师拿破仑·希尔说，在做任何事情之前，都必须先把各项工作分类：重要的和不重要的，或是有关系的和没有关系的。因为人的时间和精力都是有限的，不可能一下子就做好多件难办的事情。为了高效、顺利地办好突然涌来的大量繁杂事情，我们一定要根据事情的轻重缓急，制订出一个合理的顺序表和一个事情的进度表，这样我们才可以有条不紊地向目标前进。

一个人要做成某件事必须要一步步地进行，循序渐进，并抓住做事的重点，既不要奢望某件事一蹴而就，也不要幻想能在短时间内把一堆事全部做完，该做什么就用心做什么，循序渐进才是做事的根本，放缓心态才能把事情做好。

小李最近在学英语，因为公司要在美国建设分部，这是一个非常好的机会，他可以在美国工作和学习。小李对自己很自信，先是在家自学，通过看视频、背词典学习，可是总是被家里的各种事干扰，有时也忍不住上上网，结果没学会几个单词。

小李就把学英语的地点放在公司，在上班路上就用手机听英文朗读，在公司里中午闲暇时就多学一会儿，工作之余也悄悄地背背单词。可是效率仍然不高，小李对此很不满意，因为外派人员的选定日期越来越近了。小李一咬牙，就花重金报了几个知名英语培训班，每天下班学一个小时，周末就每天学三个小时。

几个星期后，小李把申请单递给了公司，公司考核了小李的英文能力，结果是完全不合格。小李非常气愤，上司就开导他："小李，你最近恶补英语，这种精神是好的，但是你才学了一个多月，这么短的时间内怎么可能速成呢？何况你还有其他事要做，又不能每天学习十几个小时，这次机会错过也没什么，公司每年都要调动，你继续努力，明年再申请。"

小李点点头，继续把这种学习精神保持了一年，一年之后果然如愿去了美国分部。

梁实秋从1930年开始着手翻译莎士比亚的戏剧，至1967年最终完成《莎士比亚全集》的翻译并出版，历时共三十七年，他一日译两三千字，并且没人给他一分钱报酬，三十余年慢慢地翻译，最终成功。此外，歌德写《浮士德》用了60年；托尔斯泰写《战争与和平》用了37年。马克思在大英博物馆里一坐就是四十多年，鞋底将地板都磨出了两道坑，才有《资本论》的横空出世。任何伟大的事情都不可能一蹴而就，对生活里的小事也不能贪功冒进，很多步骤不该省也不能省。

所谓"绳锯木断，檐滴石穿"，做人就要有一种不急功近利的心态，只有做事不重利，才不会因为利而做事匆忙，也才能沉下心来把事情做好，做到极致。因此，千万别奢望一口气吃个胖子。

用心做好小事，才有机会做大事

急性子的人耐不住性子做小事，总觉得自己应该干一些惊天动地的大事业，这就很像东汉时的少年陈蕃。东汉时，有个少年陈蕃自命不凡，一心只想干大事业。一天，其父亲朋友薛勤来访，见他独居的院内龌龊不堪，便对他说："孺子何不洒扫以待宾客？"他答道："大丈夫处世，当扫天下，安事一屋？"薛勤当即反问道："一屋不扫，何以扫天下？"

一位青年刚从医学院毕业，他来到一家知名的医院应聘医师工作。青年跟医院副院长约定的时间是周五的上午九点。

到了那天，青年因为路上磨蹭了一会儿，结果迟到了十分钟，九点十分才进到副院长的办公室。副院长已经等候多时了，副院长要他坐下，说道："咱们约好的九点钟，我已经等了你十分钟。"

青年赶紧解释道："副院长，不好意思，我这不来了么，只是耽搁了十分钟而已。"

副院长道："你在学校里的成绩异常优秀，所以我才亲自面试，可是，你却这样没有时间观念。我告诉你，在医院里，一分钟就有可能是一条人命！这可不是在学校里的演练，你的迟到就有可能导致一场救命手术的推迟，如果你想做一个国内出名的好医生，你就要在方方面面都做好。迟到就是迟到，你浪费了我的时间，也浪费了你的应聘机会，你因为这十分钟丢了一份想要的工作。你去别的地方面试吧，希望你不会再迟到。"

急性子总想干大事的急切心情是可以理解的，但是，你要知道没有一个人是生下来就能干大事的，这需要岁月的积累和磨炼，否则真有大事降临，你也根本没有那个能力做好。并且如果连小事都做不成，又怎么能做成大事呢？有很多人不屑于月薪低于X千的工资，觉得自己的能力起码要值多少多少以上，这种心态阻断了很多成功之路。

正所谓，"天下大事，必作于细"。在你眼中的小事，却可能是别人心中的大事。在当今这个浮华时代，不少人眼高手低，心浮气躁，不屑于做小事，认为自己天生就是做大事的，认为对身边的琐碎小事过于认真是浪费时间和精力。殊不知，每一件小事都是一个磨炼的过程，人生是一个积累的过程，没有积累也就没有办法登上最高山峰。

我们都自认为对擦鞋了解，觉得那无非就是擦擦灰、打打油，赚个几块钱，擦鞋的确是一件小事，但有人把它做成了大事。日本擦鞋匠源太郎为了养活自己四处擦鞋，但他并不满足于此，他走遍日本拜访手艺高超的擦鞋匠，去跟他们学习知识，并研发自己的擦鞋手法。他把每一双鞋都擦出了新意，他还研究各种皮鞋、鞋油，渐渐地他的名气越来越大。在1975年，源太郎成了希尔顿饭店的“定点擦鞋匠”，包括日本前首相等名人都成了源太郎的常客，他甚至给迈克尔·杰克逊擦过皮鞋。

做小事是一回事，做好小事又是另一回事。做好每一件小事就是不平凡的，这需要十足的耐心，每一件小事都是对自身的提升和修炼，不能因为它们“小”或者卑微就鄙视、不在意。

日本本田公司的创始人本田宗一郎曾回忆起一件往事。

当时，本田正在创业初期，他的公司走廊里摆了一些鲜花，后来公司出现了财政危机，付不起花匠的工资，也就没有人照料这些花了。过了一段时间，本田发现这些花并没有因此而枯萎或者歪长，他就很好奇，结果发现是公司里的一个年轻人。年轻人每天都来得特别早，然后就给花浇水、修剪，甚至还打扫卫生，本田宗一郎把年轻人提拔为部门经理，虽然年轻人的业务不是特别优秀，但是他知道，能够全心全意做好公司里的小事的人更能够做好公司里的大事。

海尔总裁张瑞敏曾经说过：“把每一件普通的事情做好就是不普通；把每一件平凡的事情做好就是不平凡。”其实，生活中每一件事都不是小事，都是大事。比如，我们有某些坏习惯，这是小事，但这些坏习惯在关键时刻往往会坏了大事，所以生活里的任何事都需要我们重视，不能顾此失彼，不能因为急躁就丢掉所有的小事，一门心思要干大事。

李斯在《谏逐客书》中说:“泰山不让土壤，故能成其大；河海不择细流，故能就其深。”无数小事的积累，才会堆叠出泰山一样的成就；无数小事的汇集，才会聚集成大海一样的广阔。人生的宽度和深度，正是由这些不起眼的事情形成的，所以急性子们万万不可操之过急，做好小事就已经成功了一半。

耐心才能将“冷板凳”坐热

在篮球比赛中，除了球场上的10个球员外，场下通常还能看见几个一直没有机会上场的球员在一边做替补，也就是我们所说的“板凳”球员。在一场比赛中，这几个球员只有当场上的球员因各种原因不能继续打球了，才有机会出场代替他们，很多情况下，他们一直将“冷板凳”坐穿也没能在观众面前露面。

现实生活里，也有很多人在面临坐穿板凳的情况时，他们的急性子根本就等不了，他们绝不甘心坐板凳，但是在这种情况下并不是一句“不甘心”就能够解决的，我们能做的是不能急，耐心将“冷板凳”坐热，做好该做的事情，自然有“上场”的机会。

张婕今年28岁，大学专业学的是会计，她本来的工作单位非常不错，但是为了能跟自己老公在一个单位，就跳槽过去，岗位是内勤。刚开始工作不受重视，张婕安慰自己说毕竟自己是新来的。可是一年过去了，张婕还是没有得到什么实质性工作，每天就是复印点文件、倒点茶水什么的。

更要命的是前段日子单位来了一个年轻人，领导总是让他跟着公司的前辈学习东西，还把张婕仅剩的一点实质工作给抢去了。张婕心理落差非常大，她觉得自己都30岁了，即使不做出一番事业，也应该有很好的工作岗位了，可是如今却坐了冷板凳，她不知道是该辞职另寻高处，还是继续做这工作，直到被领导重视。

拿职场来说，很多人都遇到过这种“冷板凳”的情况：不被上司器重，觉得自己的才华被冷落，不甘心做简单的工作，很多人都难免会自怨自艾、沮丧失落。在这种情况下，情绪烦躁是可以理解的，但是一定要尽快平衡好自己的心态，重振旗鼓，最重要的是不能急。很多急性子看到自己不受重视，立刻跳槽，觉得“此处不留爷，自有留爷处”，到另一个地方还不受重视，就再跳槽……如此循环，只会耽误自己的职业生涯。

盛大CEO陈天桥当年在复旦大学以超优异的成绩毕业，结果在一家公司里做了10个月的资料放映员，每天就在“小黑屋”里播放资料。陈天桥说：“在我当时这样一个年纪，这样一个背景，我能耐得住10个月的寂寞，躲在一个小房间里放录像，我自己感觉这对后面的年轻人还是有所启示的。很多年轻人觉得自己怎样怎样，要干这个，要干那个，但无论干什么，首先要适应环境，而不是等着环境来适应你。”

我们要拥有一个养精蓄锐、厚积薄发的心态，把“冷板凳”坐热，当时机成熟时，就能取得突破性的成绩。当然，把“冷板凳”坐穿、坐热，并不是“干坐”着，坐在“冷板凳”上傻乎乎地什么也不做，把板凳坐成粉末也是老样子。在坐冷板凳的过程中，我们虽急于摆脱板凳，但是首先还是要努力提高自己。当得不到重用时，正好可以利用这一时机广泛收集各种信息、吸收各种知识，以此增强自己的实力。这样一来，一旦时运到来，你便可跃得更高，显得更加耀眼。在你坐“冷板凳”期间，别人也许正在观察你，如果你自暴自弃，恐怕坐到屁股“结冰”了你也难以翻身。

1978年，15岁的乔丹因为身高和技术问题落选兰尼高中校队一队，被划入二队的乔丹回家后抱头痛哭。痛哭过后，乔丹来到学校，找到校队教练，提出自己要跟随一队，不求打球，只要能跟着一队就行，他可以给队员们看球衣、递毛巾。校队教练同意了。

乔丹跟着一队那些大家伙一起练球，他疯狂地练习，放学了也不回家，只是打比赛的时候，乔丹就在场下干本职工作，整理球衣、送水递毛巾。

随着乔丹的技术长高，身高也在长高，他上场机会越来越多，在高三的时候就已经展现出统治级别的能力，他入选了全美高中生阵容，“飞人”开始起飞。

所谓“三年不鸣，一鸣惊人”，要知道，是金子总会放光的，只要我们用心打磨自己，即便是一块铁，也能够在“冷板凳”上打磨成价值连城的金子，只要我们能够耐得住这坐“冷板凳”的时光。

心稳，事业才稳。我们要拥有“姜太公钓鱼”那种悠然的心态，只要自己拥有真正的才华，就不用担心不被重视，所以没必要急躁焦虑，用扎实的工作耐心等待机会的到来，这样才能水到渠成。

“涸泽而渔”不可取

《吕氏春秋·义赏》：“竭泽而渔，岂不获得？而明年无鱼。焚薮而田，岂不获得？而明年无兽。诈伪之道，虽今偷可，后将无复，非长术也。”意思是说：“使河流干涸而捕鱼，难道会没有收获吗？但第二年就没有鱼了。烧毁树林来打猎，难道会没有收获吗？但第二年就没有野兽了。用欺骗和作假的方法，即使现在有用，以后却不会再有第二次了，这不是长久之计。”

这就是我们常说的：“涸泽而渔，焚林而猎。”比喻只在乎短期利益，而损害长期利益的行为。这种行为在生活中并不少见，多是急功近利、急于求成的思想造成的。

《塔木德》中记载了这么一个故事：有一个阿拉伯商人，他牵着马四处卖货，马背上装有琳琅满目的商品，他走到哪里都受到欢迎。

这一天，阿拉伯商人赶着去一座大城市卖货，去晚了可能集会就结束了，人群就都走了。所以，阿拉伯商人非常着急，他快马加鞭地往前赶，他夜里投宿一家店，店家给他喂马的时候告诉他，店里面有非常多的“货物”，问阿拉伯商人有没有兴趣收购，然后明天卖给赶集的人。

阿拉伯商人摆手道：“我已经有足够多的货物了。”店家说：“如果我的货物比你的货物便宜一倍呢？”阿拉伯商人明白了，原来店家推销的是假货。他思索了一番：明天是第一次去该城市，自己卖掉假货，立刻转移，从此再也不回来，谁也找不到他……

第二天，阿拉伯商人带着满满的假货出发了，他的假货价格便宜，所以很快就卖完了，阿拉伯商人大赚了一笔，他赶紧就离开了该城。在随后的几个月里，阿拉伯商人如法炮制，在附近的几座城都卖了假货，后来他猛然发现自己能去的城已经没有了，再想找个没有人认识他的地方做生意，就只能背井离乡去国外了。

涸泽而渔、杀鸡取卵的行为都是不可取的，这些短期利益会蒙蔽我们的双眼，就像做生意时，对原材料偷工减料会短时间内增大利润，但是长时间下去则会使顾客流失。如果我们只把眼界放在短期利益上，那么就犹如“一叶障目”，殊不知，眼前的小利也许发展到最后会给你带来更大的损失。

以企业为例，真正站得住的企业是那些真正有品质、有价值的企业，短期的广告可以提升知名度，但是选择权仍然在消费者手里；若在此时不注重企业的品质，盲目地赚取短期利益，那么消费者就会用“脚”投票，当企业失去所有的消费者时，它的寿命也就到头了。

某人加盟了一家汽车美容店，他的资金储备少，所以在进货时全都选择便宜的，什么蜡、车膜等全都用的山寨牌子，乍看上去全是英文、日文，好像进口的。他也对外宣传是进口的，并卖以高价。但是时间久了，人家懂车的人一看便知是假的，而且效果也并不好，便没有人再去他的店了。

郭子金对自己的工作很不满意，觉得发展太小。郭子金想要借点钱跟朋友去创业，朋友告诉他需要很多启动资金，郭子金算了算，他需要拿出自己多年的全部存款才行。

郭子金很是犹豫不决，便拖延了几天，期间跑回老家放松了一下。在老家郭子金很是放松，他来到一位老伯亲戚家，老伯请他吃西瓜。老伯叫人拿来一个大西瓜，然后切成了大小不等的三块，老伯笑着把西瓜递过来说：“你挑吧。”

天气很热，郭子金也口渴难耐，就说：“我要最大的吧。”老伯把最大块的西瓜递给郭子金，然后自己吃起了小块。当郭子金还在吃大块西瓜时，老伯已经吃完了那一块，又捧起第二块，大口地吃了起来。

郭子金这才明白老伯的用意，那块最小的和最后一块加起来要比最大的那一块大得多。

郭子金回到工作岗位上，拒绝了朋友提出的创业要求，自己努力工作，终于在两年之后位居高位。

短期利益赚取得容易，可是会损害自己的长期利益，又有什么意义呢？无论何时我们都应该抬起头来，把眼光放得远点，远处还有更好的风景等待我们欣赏，不要因为眼前的美景而停下前进的脚步，从现在开始，适当地拾取短期利益而不损伤长期利益，为自己的长远未来做好打算。

盲目冒险：求胜心切容易迷失

有句话叫：“艺高人胆大。”但这并不是提倡冒险做事，尤其是当你求胜心切的时候，很容易因为走错几步就导致失败。这跟下棋一样，在己方占据大优势的情况下，有的人就会选择冒险的棋招，因为这样可以快一点战胜对手，但往往正是这种时刻才会露出破绽，被对手反败为胜。

春秋末期，孙膑和庞涓同为鬼谷子弟子，师弟庞涓先下山赢得了魏王的重用，师兄孙膑前来投奔后，庞涓假惺惺地将其推荐给魏王，但心里又十分妒忌孙膑，便设计剜去孙膑双膝，孙膑装疯才得以逃到齐国，并得到重任。

后来，魏国和赵国联手攻打韩国，韩国向齐国求救，齐国就派大将田忌、孙膑前往，大战一触即发。孙膑见到魏军凶猛无比，敌我力量太悬殊，便告诉田忌要用计策。

孙膑命令军队由外黄向马陵方向撤退。马陵位于鄄邑北60华里处，沟深林密，道路曲折，适于设伏。而与此同时，孙膑命令士兵第一天挖10万个做饭的灶坑，第二天减为5万个，第三天再减为3万个。

跟孙膑有着私人恩怨的魏国大将庞涓，看到这一幕喜不自禁，觉得这齐军也不过如此，这么多逃兵，他便亲自率领骑兵连夜追赶，等到了马陵，他看到地势险恶也毫不在意，觉得再加把劲儿就能追上齐军。

殊不知，齐军哪里在前面，而是在他们身边，全都埋伏在山坡之上。当庞涓率军前进时看到一颗大树被剥了树皮，上面写着：“庞涓死于此树之下。”庞涓顿时大呼中计，然而齐军万箭齐发，魏军猝不及防，仓促应战，很快溃败，庞涓中箭，左突右冲无法突出重围，最后愤愧自杀。史称此战为“马陵之战”，称孙膑的战法为“减灶之计”。

冒险是可以的，怕的是我们被求胜心切蒙蔽了思考，对事情考虑得不完全而导致失败。有时候，一次溃败就会让我们翻不了身，所以很多险不能冒。求胜心切这种心理是可以理解的，毕竟每个人都想要赢，想要获得最终的胜利，然而胜利并不是你着急就能够“急”来的，它需要满足很多的条件。

有一些急性子总觉得胜利几乎是囊中之物，就差放在自己兜里了，于是就特别着急，为了能够早一天获取胜利，就想要冒一些险，通过这种方法提早胜利。殊不知正是这种心理常常让自己满盘皆输。

公元221年，刘备想要为关羽报仇夺回荆州，他不顾诸葛亮、赵云等群臣的劝谏，决意伐吴，并亲统大军沿江东进。

孙权与曹魏结盟，任命陆逊为大都督应战蜀军。刘备求胜心切，派水军深入夷陵地区，封锁长江两岸，随后蜀军从巫峡至夷陵沿路安营扎寨，并频繁骚扰吴军，陆逊下令耐心防御，坚守不出，使得两军相持半年之久。

当时正值盛夏，酷热难耐，蜀军水土不服，无法速战速决，士气日渐低落。蜀水军又转移到陆地，更是失去了优势，再加上战线过长，也不利于运转补给。就在这种情况下，刘备依然不撤军。

而吴军陆逊则命令将士拿着干草，用火攻的方式攻破蜀营，火烧连营几十余寨，令蜀军死伤惨重，刘备败退到马鞍山，依险据守。陆逊趁机集中兵力，四面围攻，蜀军土崩瓦解，被歼数万，蜀军“舟船器械，水步军资，一时略尽，尸骸漂流，塞江而下”，可谓损失惨重。

求胜心切往往会让人作出错误的判断，从而露出明显的破绽，这很容易使自己的努力功亏一篑，这种冒险说得不好听一些，其实是在拿自己的性命开玩笑。

那么，我们做事时怎么做才是正确的呢？

在即将胜利的时候，要格外保持清晰的头脑，不到最后一刻决不能放松警惕，越是接近胜利越不能着急，当我们对事情有十足的把握之后，经过周密分析和安排，是可以进行冒险的，当然这不叫冒险，这叫运筹帷幄。

“两利相权取其重，两害相权取其轻”，当面临是否冒险的抉择时，一定要做好充分的准备，在冒险之前尽量做好详细周密的规划，提前找好担保，尽可能地将风险降到最低。

不浮不躁，不争不抢

《道德经》有云：“上善若水，水善利万物而不争。”意思是说，人要像水一样不争不抢，然而在当今社会下，“争抢”似乎成了必不可少的态度，大有一种“再不抢就没了”的感觉。但生活不是这样的，你再怎么争，怎么抢都没有太多作用，甚至在有的时候还会伤害我们自己。

赵小姐在一个下午出去逛街，她转了好多家商场，买了挺多东西，用手拎着往家走。在一个十字路口，赵小姐发现绿灯闪了几下，马上就要结束了。

赵小姐非常着急，她双手提着袋子，便跑了起来，她急切的心情使她忘记了自己还穿着高跟鞋呢！结果跑到一半的时候，轻微地崴了一下脚，赵小姐的脚部传来一阵痛感。她再一抬头，发现已经是红灯了，意味着身旁的车要启动了，而她自己正站在马路中央。

不过那辆车倒还没动，示意让赵小姐赶紧走，赵小姐再次跑起来，就差几步就到人行道时，被一辆突如其来的电动车给刮到了，赵小姐跌倒在地，倒是没受伤，只是新买的衣服散落一地，样子十分狼狈。

《三国演义》中的周瑜，年纪轻轻便成为江东大都督，执掌江东六郡八十一州的兵马，可谓少年得志，赤壁之战统帅吴蜀联军大败曹魏，风头一时无两，但就因为争强好胜，与诸葛亮斗气，被诸葛亮“三气”，最后落得个吐血身亡的结局。在为人处世的竞争当中，有时候我们自己都会感到茫然。很多东西你争到了，但是最后却觉得不值，而且很多东西不是你去争就能得来的。有时候当你跳出竞争的小圈子来，会突然发现自己处在一个更大的竞争圈子里边。

马季先生曾有一段经典相声《五官争功》，里面的“鼻子”“眼睛”“耳朵”“嘴”都对主人发牢骚，都说自己的功劳是最大的。这种现象在生活中何其之多，有很多人无论干什么都要争一争，耐不住性子而争功，做什么都不甘人后，有人甚至在开车的时候，也要在路上“争风吃醋”，不甘心被落在后面，总要加快速度去超越对方，这种行为是十分危险的。

除此之外还有争位置，这主要表现在插队问题上。有的人好像特别赶时间，就随意插队，这也是不良争抢的一种表现。吴承恩的《西游记》中有这样一首诗：“争名夺利几时休？早起迟眠不自由！骑着驴骡思骏马，官封宰相望王侯。只愁衣食耽劳碌，何怕阎君就取勾？继子荫孙图富贵，更无一个肯回头！”

人心总是不知道满足的，随着这种争抢心态的扩大，人是会变本加厉的，争抢本身就是一种痛苦，不仅带给自己痛苦，而且也带给别人痛苦。所以，我们要像水一样，与物无争，与世不争。

王强名校毕业，成绩优秀，能力出众，他刚到一个新单位工作，为了突出自己的能力，不仅把自己的工作做得很好，还处处帮助同事。

可他渐渐发现，同事们个个都疏远他，部门主管也时常刁难他，这让他感觉压力很大。后来听到同事在背后的“议论”才意识到，自己在他们眼里是一个锋芒毕露、争强好胜的人。同事们都说他是在给自己争功。

王强对此很郁闷，他觉得是自己这帮同事太没有水平了，从此更加努力工作，有什么活儿都抢着干，自然功劳也都归了他。

突然某一天，领导找王强谈话，领导说道：“王强啊，你是不是跟同事关系不太好，大家都反应你好大喜功。”王强很惭愧，跟领导道了歉，可是王强越发地觉得公司很别扭，没多久就辞了职。

那么，怎样才能避免上述情况出现呢？这就需要我们培养一种“不争心”。这里所说的不争，不是什么都不做，而是要有原则地把欲望控制在“知足”之内，根据自己的能力，根据自己的实际资源来表现自己，协调好工作和生活的关系。

争强好胜的人往往过得不快乐，因为他们忘了保持一颗平常心是快乐的秘密。我们要不烦不躁，不争不抢，相信一切都是最好的安排。

章5

耐不住性子，焦虑就会如影随形

时间焦虑：总觉得时间不够用

总觉得时间不够用是一种焦虑的症状，美国杜克大学的一项研究表示：当手头的工作太多时，由于压力导致的紧张感往往令人感觉时间不够用。研究人员认为，出现这种情况的原因是人在压力下会有焦虑的感觉，让我们觉得时间转瞬即逝，而这种焦虑严重的话，会给生活造成负面影响。

李宏在一家科技公司上班，他挺有上进心，工作之余想学英语，可是没时间去培训班，只好每天上下班途中听英语，用这种方式学习。他常说：“我现在的时间论秒过都不够用了，每每想到一天又过去了我就不舒服，觉得这一天白活了，也没学到多少东西，没做多少事。”有人问他：“你平时都在忙什么？”

李宏回答道：“忙，科技公司特别忙，每天下班后我到家就八点半了，我自己做个饭，再洗洗碗筷，就九点多了。我再学习一个小时英语，就十点多了，我也想看看综艺节目、听听音乐，可是不敢，看个节目就要个把小时，我的时间实在不能浪费。十点之后我常常还要赶时间看看专业书籍，十一点多就得睡觉。第二天六点醒过来，又是忙碌的一天。我也不知道什么时候才会停下来，我年纪也不小了，早该成家立业了，可是连个女朋友都没有，再不找就来不及了。”

在2014年的马年春晚上，一首《时间都去哪儿了》唱进了千家万户，这首歌本是讲述亲情的，描写的是父母的老去与孩子的成长，不过却在爆红之后，被用来形容人们时间的紧张，无论是职场中还是生活里，真的有很多人疑问：“时间都去哪儿了？”他们总是在忙碌一阵后发现，已经临近下班，而工作还没做完；总是在半夜12点该睡觉时，才发现该做的事还没有做，然后焦虑“时间都去哪儿了”。

有这种焦虑的人会频繁地看时间，在做一件事时想着：“哎哟，还有好多事没做呢！”时间焦虑常会让他们一心二用，担心时间不够用的人很明显的特征就是同时在做好几件事，比如，在刷牙洗脸的时候背单词、想工作，在工作的同时又处理着其他事情……这会加重我们的焦虑，越是这样越会感觉时间不够用。

时间够用吗？答案是够用。每个人的一天都是24个小时，懂得节省时间、提高效率是很好的，但不能太“过”，你要明白人生不是短暂的几年，“速成”是没必要的，我们可以在适当范围里每天比别人多一个小时去学习、工作，但是不要同时做好几件事，心里又焦虑不安，觉得好像下一刻做不完就会世界末日一样。

成功学大师拿破仑·希尔讲过这样一则故事：有个叫做乔伊的学生，他打算晚上用功读书。吃过晚饭后，想看看电视消化一下，可是节目太好看了，他看了一个多小时。等他刚想坐下来看书时，朋友又打来电话，两个人开始煲电话粥，天南海北、娱乐八卦什么都聊。40分钟后放下电话，乔伊看到外面夜色不错，便出去跑步。回来后一身大汗，又洗了澡，又觉得饿了，简单地吃过夜宵后，乔伊终于拿起书，可是已经半夜12点了。

看了没多久，乔伊困倦来袭，只好上床睡觉。第二天早上乔伊对老师说：“我希望你再给我一次补考的机会，我真的很用功，为了这次考试，我昨晚学到了两点半！”

这个故事很有趣，也很让人印象深刻。我们在忙碌之余，应该思考一下：尽管每时每刻都在忙，但是否有把时间浪费在了某些无价值的事情上？是不是一天中做了太多完全可以省略的事？比如，跟别人谈工作，五分钟就可以谈好，结果谈了半个钟头；比如，一边吃午餐，一边看书，觉得把时间节省下来了，结果午餐吃了很久，书也没看几页……

法国思想家伏尔泰曾出过这样一道谜题：“世界上哪样东西最长又最短，最快又最慢，最能分割又是最广大的，最不受重视又是最值得惋惜的；没有它，什么事情都做不成；它使一切渺小的东西归于消灭，使一切伟大的东西生生不息。答一样东西。”我们都知道答案是时间。时间的特性就是如此，我们要学会合理利用时间，认真做好手头上的事，就不会为逝去的时间懊悔，制订好明天的计划，就不会为未来的时间焦虑。

竞争焦虑：担心被对手超越

竞争攀比的心态会引发竞争焦虑，简单来说，就是担心被别人超越，职场上担心新人顶替自己，生活里担心朋友赚得比自己多，会觉得“没面子”，为解决此心理只好拼命工作，凡事都要争第一，其实这些竞争都是自己幻想出来的，是你硬要往自己身上增添压力。

王小慧在某互联网公司任职，该公司很大，有几百名员工，王小慧担任的是市场营销组长。最近公司从其他公司挖来几名人才，担任其他市场营销组的职务，这下可不得了，王小慧从此失眠不安。

王小慧很焦虑，她自认自己学历不是特别高，走到如今的职位是靠多年的打拼，属于“熬”上来的，而新来的几个年轻人都是从知名公司出来的，都是年轻有为的男性，她觉得过不了多久自己的位置就会被取代。

王小慧的心情越来越差，她看几个新来的人也越来越不顺眼，在公司某次会议上，领导表扬新来的人干得不错，很快就融入了集体。王小慧的心情犹如冰窖，在中午的聚餐上，王小慧甚至脱口而出：“你才来多久，你才多大，你凭什么超过我？”

被问的新人很纳闷：“王姐，我确实没您经验多，我还要向您学习，可是我没说要超过你啊？”王小慧自知失言，便不再多说，几天后生了一场大病。

人的内心都是好强的，来到世上都想为自己争一口气，不想被别人比下去，害怕别人超过自己，这些都是正常的，只要自己好好努力，总会在一方领域找到自己的价值和成就感，就不会输给任何人。

但是往往有一部分人，他们把这种本来正常的心理无限扩散，无限曲解。他们常常输给优秀的人，但是他们却不从自己身上找解决办法，不好好提高自己，更有甚者他们把自己失败的原因怪罪到别人头上，他们觉得除掉那些优秀的人，自己的地位便可巩固。

其实可以把这种情况想象成开车，时刻担心着后面的人超过自己，便不断地加速，不顾自己的车型、油量。即使后面来的是一辆跑车，也要咬着牙跟对方“竞速”，不断踩油门，这种心态不出车祸才怪。

在职场上，我们要时刻保持竞争意识，但不要对此焦虑不安，只有时刻做好自己，相信自己的能力，不急不躁，我们才能时刻保持一个良好的心态，并因此能够保持领先地位。这不是田径比赛，前三名会有奖牌，后几名白跑一趟；这是人生，人生要随时做好被人超过的准备，社会上有太多优秀的人才，被超过后努力提高自己就好，不要对此焦虑、担心。

话说回来，有时候被人超过也没什么的，落后也只是暂时的，我们要做什么、做成什么样，这是不能跟人比较的，不是人家年薪百万，我们就要年薪一百一十万，而是要遵从自己的内心，这样才能心境平和。

1953年5月29日，这一天是人类首次登上珠穆朗玛峰的日子，其中一张照片也因此载入史册。

那次攀登由著名登山家埃蒙德·希拉里率队，他带着尼泊尔向导丹增·诺尔盖，两个人历经千难万险，终于从南侧登顶珠峰，这是人类第一次踏上该领域。照片上，向导丹增·诺尔盖站在峰顶手举一块冰，上面插着随风飞舞的旗子，而给诺尔盖拍这张照片的正是埃德蒙·希拉里。

据说，埃蒙德·希拉里在距离珠穆朗玛峰顶不足一米的地方停下来，让路给诺尔盖前行，诺尔盖走了几步后便成为了人类历史上第一个攀登上珠穆朗玛峰的人。埃蒙德·希拉里把这无上的荣耀让给了当地向导，自己也被人们记住并且钦佩。

真正强大的人，不仅不会慌张，不仅不害怕被人超越，还懂得为别人让路。很多竞争焦虑都是我们盲目给自己添加的，我们可以从另一个角度来看这一问题：在一群平庸的人中间，你是最优秀的，完全能够坐稳位置；在一群优秀的人才中间，你是平庸的。这两条路你选择哪个？

跟平庸的人在一起，永远领跑又能怎么样呢？他们不会使你提高，聪明的人会专门找那些真正有实力的人一起共事，哪怕是做生意也要跟优秀的对手竞争，俗话说："跟臭棋篓子下棋，越下越臭。"这是很有道理的，跟优秀的人在一起共事，保持良好的竞争意识，能够很好地提高我们的能力，但你的心态一定要好，不要说"凭什么超过我"这种话，人家更努力、更认真，超过你难道还不正常吗？

所以，我们完全没必要担心被人超过，反而应该对此产生积极的心态，向别人学习，从而让自己的能力不断地提升。

未知焦虑：总觉得未来危险

在现实生活里，常让人们深感不安的往往并不是眼前的事情，而是那些所谓的“明天”和“后天”，那些还没有到来或永远也不会到来的事物。这就是“预期焦虑症”，顾名思义，指的是对不可预知的未来的一种担忧，总是为未来担心，如担心自己的亲人、自己的财产、自己的健康……心理学家指出：患有这类焦虑症的人，总是有很强的挫折感，会认为某些尚未发生的事存在威胁，从而对其产生紧张不安、担忧害怕的情绪。

某高校的大四女生小钟说：“我最近十分烦恼，晚上只要一关灯就睡不着觉。”原来，此前她一心一意准备专业考试，努力地学习，投入全部的精力，一直没找工作。两个月前，成绩下来了，结果发现自己没考好。小钟几乎崩溃了，她本来就觉得自己考不上，这下真的觉得自己是个没用的人，她在家里待了很久，最终没办法依然要去找工作。

可是，她又开始焦虑：没有公司愿意要我怎么办、面试的时候紧张怎么办、找不到离家近的工作怎么办、工资不高怎么办、工作不喜欢怎么办……一大堆“怎么办”在困扰着她，尽管她还没有正式面试。

在这期间，她眼看着同学们纷纷寻找到了合适的工作，开始去上班了，更是焦急万分，以致到了晚上睡不着觉的程度。

如今社会压力大，可这并不意味着未来就会变得更差。有太多的“怎么办”困扰着人们，有趣的是这些“怎么办”不是当下的问题，而是将来：将来买不起房怎么办？将来工作不稳定怎么办？将来突然大病一场怎么办……这些“怎么办”全都是无中生有的焦虑。

面对这种焦虑，很多人会坐立不安，甚至想着逃避。比如，某人对下周的演讲极为紧张，就开始每天幻想出现一场“变故”，这样演讲会就可以取消，以此来减轻心中的压力，至少在想象的时间内他感到了些许宽慰。不过，这个方法只能用来做暂时性的“心理麻醉”，无法解决根本问题。

或者，有人会用喝酒的方式来消解焦虑，但这些方法都不是真正有效的，甚至只会让你的状态变得更加糟糕。关键在于你的心态要调整过来，心态调整不过来你就会越来越焦虑，生活一团糟，直到整个人崩溃。为此，你不妨保持一种“兵来将挡，水来土掩”的放松心态：对未来保持乐观，才是愉悦生活的基础。

未来的确是充满不确定性的，但是我们不能盲目地把这种不确定归结为“变故”，生活里还有很多“惊喜”，看向好的一面，才能够让我们对明天的生活充满信心。

在撒哈拉沙漠中，有一种土灰色的沙鼠，它们有个习惯，每当旱季来临时，沙鼠都要囤积大量的草根，来挨过艰难的旱季。可是在雨水充沛的雨季，沙鼠依然每天拼命地囤积草根，草原上明明到处都是鲜嫩的草，它们却视而不见，仍然一刻不停地寻找草根，仿佛只有这样才能心安理得地睡觉，否则便会焦躁不安，嗷嗷叫个不停。

很明显，沙鼠雨季还这样劳累和焦虑地囤积草根是出于本能，但这种本能让沙鼠付出了许多毫无意义的劳动。

曾有不少医学界的人士想用沙鼠来代替小白鼠做实验，因为沙鼠的个头很大，更能准确地反映出药物的特性。但所有的医生在实践中都觉得沙鼠并不好用，问题在于沙鼠一到笼子里就非常不适。

尽管在笼子里是风吹不着，雨也打不着，还被好吃好喝地伺候着，但它们还是很快就死去了。医生发现，这些沙鼠是因为没有办法囤积到草根的缘故。确切地说，它们是因为没有囤积到草根，就觉得自己的生命受到了威胁，因此过度地焦虑不安而死亡的。

有的人对细微的事情反应过于敏感，会因为一点点小事而造成久久不能平静的恐慌，这种小事在普通人看来，或者可以完全忽略或者很快忘记，但习惯于焦虑的人不会这样，他们会反复去思考担忧，然后把事情无限放大，继而让自己产生百倍的担忧和紧张。正如上面的沙鼠一样，它们总是为没有草根而焦虑不安，尽管它们有时并不需要草根。

这种盲目的焦虑会使人们对未来丧失信心，严重者会对未来产生恐惧，觉得未来很危险，从而逃避、抗拒做事。其实未来有什么危险的呢？太阳每天都会照常升起，有时候你看不到也只是因为阴天而已，乌云散尽后，你依然能够看见太阳，地球也不会突然停止转动，所以没必要对未来产生过多的担心。

先哲告诉我们："把握今天。"过去回不去，未来还会来，我们能够抓得住的就是当下的每一分每一秒，用当下的时间去忧虑未来，实属杞人忧天，把握住当下，活在当下，这样才能够把握住生活。

“我很忙”背后的焦虑

有这样一则笑话：下雨了，大家都在往前跑，唯有一人不急不慢，在雨中踱步。有人问：“你干吗不跑？”他回答：“急什么？前面也下着雨呢！”故事里的这个人被很多人当作笑话来讲，其实这个人的心态才是值得我们每个人学习的，也许你觉得他看上去很傻，但你不能否定他也是非常聪明的。

刘睿是个工作狂，他自大学毕业后就参加工作，到现在已经七个年头，这七年他几乎没怎么歇息，每天加班到八九点钟，周六周日则常常要开会，如果空闲他也不会选择逛街逛公园，他会躺在床上睡上一觉，来弥补平日里的睡眠不足。

一天，刘睿突然接到一个久未联系的老同学来电，在电话响起的时候，他突然意识到，自己已经好几年没跟过去的同学说过一句话了。这个老同学打电话表示最近有一个同学会，问他是不是可以去参加。刘睿想开口答应，又突然想到这一整个月都安排满了，要陪客户、开会、出差，刘睿只好拒绝了。

刘睿静下心来，开始反思自己过去的几年。以前刘睿每天都心焦气躁，因为他的职位很高，要处理各个部门的事情，一旦有失误就有可能给公司造成很大损失，公司也一刻都不能离开他，有时候在深夜都会有下属打电话来请示。刘睿每天五点起床，匆匆吃过早饭就赶往公司，一直到晚上八九点才能回来，从来都没时间参加同学会，更没有时间陪家人，全家一起出游已经是两年前的事情了。

急性子之所以感到忙碌，有时候并不是真的因为事情多，而是自己的心态忙。很多急性子会表示：我当然是有很多事情要赶紧处理，所以才忙。有问题立即处理的习惯是好的，但是当有一些事情暂时无能为力的时候，如果我们耐不住性子，一定要解决它，岂不是让自己很焦虑？

过于忙碌会让我们产生焦虑的心情，忽略掉生活中许多美好的事情，这种焦虑的心情对于健康是有害的，会引来许多高危疾病。所以，在任何时候我们都不能急于做某件事，更不能把一堆事情揽在身上，企图在极短的时间内就做完。要学会有节制地做事，劳逸结合，合理的休息会让我们更加有效率。

拿破仑曾在法国的历史上写下浓墨重彩的一笔，他四方征战，也注定了常常难有充足的休息。他每天睡眠时间非常少，全天可能只睡3~4小时，有时候，还不得不在凌晨3点钟就起床对秘书进行口授文稿，一直到天亮。不过他很善于休息，有时在两次接见间隔的5分钟里，也能美美地打个盹儿。抓住一切可能的机会去休息，哪怕自己暂时还不累，这就是拿破仑的秘诀。

列宁曾经说过：“懂得休息的人，才懂得工作。”一个人只懂得休息不工作是没有出息的；但是，如果只懂得工作不休息则是对自己的身心健康不负责任，只有劳逸结合才能够迸发出更高的工作效率，避免被忙碌绑架。

第二次世界大战期间，德国纳粹对伦敦实施了名为“海狮计划”的疯狂轰炸作战。英国首相丘吉尔整天处在一个高度紧张的状态里，他知道战争还要打很久，而自己的身体是没有办法支撑下去的，为了缓解压力，放松心情，丘吉尔居然在防空地下室里织起毛衣来。

这让丘吉尔的手下感到不可思议。丘吉尔常常一边打毛衣，一边听汇报，然后下达各种指令。有一位将军实在忍不住心中的疑虑，对丘吉尔说：“首相，德国人的飞机时常光顾，成千上万的军队等着您去指挥，您为什么还有心思去织毛衣呢？”

丘吉尔回答道：“正因为如此，我的大脑才更需要休息，织毛衣能让我心情舒缓，避免因为头昏脑涨发出错误的命令。”

一位欧洲的探险者到南美去探险。为了穿越一片雨林，他雇佣了两个印第安人做向导，一路上非常顺利，没有遇到太多的麻烦。然而走到第四天的时候，眼看着就到森林的边缘了，两个印第安人说什么也不走了。探险者非常不解地问：“为什么？”一个印第安人回答说：“在我们印第安部落有一个规矩，旅行三天之后必须要休息一天，这样才能让灵魂跟得上我们的脚步！”

让自己忙有所忙，忙得有价值，找出合理的空闲给自己放个假，摆脱因为忙而产生的焦虑情绪，这将对我们的生活产生极大的好处。

害怕落后，害怕跟不上时代的步伐

急性子在工作中事事争先，一方面是性格如此，另一方面则是害怕落后的心态，让急性子一定要什么事都做到第一。其实这种心态倒也不能说错，毕竟在很多事情上勤于争先是很不错的，但是大部分急性子把这种心态过于“发扬光大”了，在每一件事情上，甚至无关紧要的小事上都要争先恐后。在工作上也就罢了，在生活里其他地方也要跟别人比，不光比，还要比别人高上一头，这样活着是很累的。

有一部分急性子非常努力地工作，去将自己的生活水平提升到更高的层次上，但是你会发现当这些人越有钱时，他活得越累。虽然房子越来越大，家具越来越奢华，但是享用的时间却越来越少，工作也越来越忙，一旦想停下来歇息几天，就要损失好多生意，这就形成了一个恶性循环。

1835年，亚力西斯·托克维尔曾这样描述美国人：“这么多幸运的人，却不安于富足之中。”当人们的物质生活越来越丰富的时候，如果产生了一种攀比的心态，那么在这种人眼里邻居永远比自己过得更好，因为怕自己落后，只好更加努力地工作，抱着这种心态劳累一生。其实这很像“夸父逐日”，用尽全身力气去追逐那遥远的太阳，最后力竭口渴而死。

小张工作非常努力，他对公司尽职尽责，然而在年底评比中，他只得了一个第三名。小张没想到自己的成绩这么优异居然只是第三名，他很不开心，回到家里生了很久闷气。

小张缓和之后，决心要更加倍地努力让自己的成绩翻番，一定要做到第一名的位置。他不分昼夜地联系客户、签订合同，终于在一年之后以创下公司历史纪录的成绩，荣登第一名。小张十分高兴，可是这份高兴还没有维持多久，他又不开心了，原因是新的一年又开始了，如果自己不努力，就保不住第一的位置，尤其是公司里又新来了几个极有经验的员工，这些都是他的有力竞争对手。

小张打起精神，也不庆祝了，在新的一年里又开始了更加努力的工作。渐渐地，小张感觉自己的身体很劳累，但是他不能请假，一旦请假就意味着会拖好多天的工作，那又怎么能在年底排名中保持第一的位置呢？

于是，两个月后，小张晕倒在了公司，醒来的时候发现自己躺在了医院的病床上，领导来看望他，告诉他好好歇一歇，小张面带苦涩，心里还想着年底评比的事情。

害怕落后是导致心态失衡、心情焦躁的重要原因。有的人视落后于人为耻辱，于是凡事都去争先，这样的性格无可非议，但因为害怕落后而产生的焦虑我们却不能忽视。有些急性子连听音乐、看电视都要紧跟潮流，什么流行就听什么，什么流行就看什么，结果没几天就换一首，就连听音乐都脱离了本质，只是因为害怕落后，害怕跟不上时代的步伐。其实，仔细想一想这又何必呢？况且，盲目地追赶潮流是无意义的。

再说工作和生活中的问题，工作业绩上害怕落后，生活水平上害怕落后，甚至连吃饭也害怕落后，这就会使我们做任何事都焦虑不安，总想着要处理大量的事情，给生活增加非常多的负担。

落后没什么大不了，落后于人的话奋起直追就是了，没必要天天惦记，更没必要在领先的时候就开始担心落后怎么办。害怕落后，于是事事要争先，结果可能反而更落后。这不是说我们应该好逸恶劳，而是说无论工作还是生活，保持一个良好的心态是最重要的，总觉得自己会被随时甩到后面的人，永远都摆脱不了焦虑的境地。

瑞典登山家克洛普利和他的队友挑战珠穆朗玛峰的顶峰。经过一天的攀登，眼看离目的地不远了，克洛普利却提出撤退的要求。他说：“天色已经有所变化，再上去会超出我们的预计时间，恐怕会有危险。”但他的队友却不肯放弃这次机会，最后只有克洛普利一人撤退下山。不久就传来噩耗，山上的人因为雪崩全部遇难。只有克洛普利保全了生命，能有机会再次攀登，最终攀上世界最高峰的顶端。

这个案例充分说明，有时候落后一点没什么，反而会让我们走得更快，所以，急性子们不妨停一停脚步，等一等自己。

工作节奏快，每天都紧张兮兮

如今，生活节奏越来越快，在此基础上，急性子的人就更显得节奏飞快，连走路速度都飞快，生怕耽误了一点时间，做什么都是风风火火的，一旦出现突发状况，耽误进度，他们就难以忍受，责人责己。人固然不能只求安逸，但是也不能太“快”，每天都忙碌不已的人是不懂得生活的。

郭伟然是一个网站新闻编辑。进入这一行后，郭伟然发现，网站的辛苦远远超过他预期的设想。

网络信息的无休无止，让郭伟然的工作和生活时间完全颠倒。新闻网站需要24小时更新，所以，上夜班是必须的工作，好不容易挨到下班时间，突然出现大新闻，还要留下来加班。郭伟然身边的很多同事都受不了这种压力而辞职了。同时，年轻的新员工也让郭伟然不断感到压力，他在紧张繁忙的工作之余还要不断地学习知识，来让自己站稳脚跟。

在网站工作了近1年后，郭伟然这样总结自己的工作状态：“精神高度紧张，眼睛、手、大脑同时做广播体操，哪一部分协调不好，脱节了，都会影响整个工作的节奏。一天下来，脖子、腿、眼睛都酸疼，回家看到电脑都难受，到周末累得哪儿也不想去。”

郭伟然表示，因为忙于工作和充电，缺乏与家人的沟通和交流，妻子已经备感冷落。而快节奏的工作和只与电脑交流的工作环境，也常常让他感到心理紧张和孤独。

急性子的人会主动给自己施加压力，让自己的全身心处于一个紧张的工作状态，以便更好地去完成工作。但是，这种做法会把自己的心态弄乱，让自己变得焦躁，还会影响睡眠和身体其他方面，使身体免疫力下降，很容易感冒发烧。

本杰明·富兰克林认为："一切都需要花时间：欲速则不达。"因此最佳的方法不是快速地完成一件事，而是正确地完成它。即便工作任务再重也要讲究个方法，也要讲究个过程，不能企图一股脑儿全部做完。

当你把自己运转得越快，就越变得紧张兮兮，就越容易压垮自己，身体和精神时刻处于高压状态下，就很容易出现问题。

你不妨这样放松自己——在每天8小时的工作之后，给自己安排一些节目来放松一下，参与一些有益的文娱活动来舒展一下都是非常必要的。要学会劳逸结合，该工作的时候认真工作，该轻松的时候尽量轻松。也可以去听音乐、跳跳舞、看电视，让心情舒畅，这样才有益身心健康。

笔名青文的一个作家讲述了自己的经历。他说自己曾经在一家公司里工作，职位很高，但是工作量很少，每天工作的心情都是愉悦的。青文热爱文字，没事就喜欢舞文弄墨，所以他每天下了班后，就在自家阳台上支起一张桌子，放上笔记本电脑，倒上一杯酒，写上一个小时或者两个小时，然后出去跑跑步，回来洗个澡就睡觉了。

渐渐地，他写的作品得到了认可，不仅在网上大受欢迎，也有出版社主动来找他出版，一次性给他付了十万的初期版税。青文很高兴，他考虑再三，决定辞职，做一个专职作家，圆小时候的一个梦。

青文赋闲在家后，接了出版社的一个书稿，要求三个月内写出五十万字的作品，青文买足了泡面，从早上醒过来就开始写，一天16个小时不间断。然而作品被否决了好几次，青文很着急，又没日没夜地赶稿子，结果又有十万多字被否决。

青文这才明白自己违背了劳逸结合的理念，把自己置于一个紧张焦虑的境地，自然写不出东西来。后来，他跑到西部旅游了几个月，边走边写，作品又被人认可了。

斯托·博伊德在一篇文章中说："你得确保速度慢下来才能走得快些。"这是一种慢科学，这种工作方式反而更有效率，我们要学会在快节奏的生活里找寻属于自己的安逸一隅。

有时候放慢脚步，更有益于我们的生活。此外，你对自己要有一定的了解，要知道自己想干什么，要达到什么样的目标，然后对自己的工作和生活进行合理规划，并根据这些规划合理安排工作和生活，使自己有条不紊、忙而不乱。

杞人忧天，明天会不会下雨

人总是会对未知的明天产生一种焦虑，这种焦虑是对未来不确定变化的抗拒，人们总是担心"明天"会发生一些搞不定的事情。这种焦虑是非常没有必要的，正如担忧明天是否会下雨一样，明天下雨就带上伞，就这么简单，你的担忧并不能够影响明天的结果，如果在前一天晚上反复纠结明天下雨的问题，恐怕是要失眠的。

一位公司老总遇到一个喜欢焦虑的员工，这个员工尚在试用期，他才工作了30天，因为担忧自己会不合格，于是有20天都是在失眠，晚上甚至要靠安眠药才能睡觉，所以每天的工作状态非常差，他非常紧张，虽然做事认真，但却是错误频出。

这个老总在试用期快结束时找他谈话，为了营造一个轻松的氛围，老总在自己的办公室播放了舒缓的音乐，给他泡上了一杯热茶，然后问道："能告诉我你为什么紧张吗？"

这个员工的回答让他哭笑不得："老板，我一定努力改正，下次保证不这样了。"该员工妄自揣测是自己的工作又出现了问题，以为老板是要解雇他。老总叹了口气，又给了他机会，告诉该员工好好工作，不要想一些子虚乌有的东西。

可是该员工仍然每天担惊受怕，以致神经衰弱，每当老总在办公室会客的时候，该员工就紧张得口干舌燥，总害怕自己被突然解雇。最终，他把自己压垮了，身体撑不下去了，只能辞职。

有一位股民表示，每当他买入一只新股票，就会担心股价不会上涨，即使他在很高的点抛出，也不开心，因为他总觉得还要涨，而自己抛早了；而股票下跌的时候，他简直睡不着觉，反复地想要跌到什么程度，要不要抛掉，一旦抛后股票上涨，他就变得脾气暴躁，悔恨自己的做法。

这是典型的急性子，当事情没有结果的时候，担忧结果很坏，在这一过程中焦虑不安，惶惶失措，就像杞人忧天，因为担心天塌下来而吃不下饭、睡不着觉。这种心态于生活是无益的，既然如此，为什么还要去盲目担忧呢？

所谓"世上本无事，庸人自扰之"，并不是说担忧未来，给自己"找事”的人是庸人，而是说这种心态是不明智的，担忧未来只会让自己当下的生活变得焦虑、混乱，并不能产生任何积极作用，未来确实具有不确定性，但是很多事情是改变不了的，如陡然生病、天气变化等，我们能做的就是积极锻炼身体，做好预防，如果整天纠结自己明天是不是会得严重的病，那用不了多长时间就会忧虑成疾的。

一伙人去登山，有位青年对此次登山并不看好，他说：“那山是不是很危险啊？我听说山上有蛇，还有很多悬崖峭壁。”

同伴告诉他，他们已经带足了驱蛇粉，还带了指南针、信号发射器、足够的干粮等，即使迷路了也能够求援。青年仍然觉得很危险，他说：“那山上要是有突发状况呢，比如泥石流什么的？”同伴告诉他闭嘴。

结果登山队还真的迷路了，这一伙人只好找到一个岩洞，在里面生火做饭，打算休息一下，青年看着岩洞不肯进去，他担心岩洞会突然塌掉，同伴说这岩洞都存在上万年了，怎么会突然塌掉。青年还犹豫着，整个晚上他都自怨自艾，说自己不该来，说大家迷路了，走不出去了，可能都回不了家。

大家都受不了他，纷纷背过身睡觉。第二天大家醒过来后，发现青年红着眼睛，精神萎靡地坐在那里，他一夜没睡。大家用指南针很快就找到了回家的路，但是青年不吃不喝不睡觉已经走不动路，登山队只好派两个人扶着他，顺利返回。

俗话说：“车到山前必有路，船到桥头自然直。”与其担忧未来的事情，不如想好现在能做到的事情，这叫活在当下。人生中的确会遇到各种各样的问题，也常有突如其来的打击，但是有问题了就去解决，没有过不去的坎儿，所以也没有什么担忧的必要，与其担心明天是否会下雨，不如学会坦然欣赏雨中别样的人生，走好当下的每一步路。

《圣经》新约中的《四福音书》说：“不要为明天忧虑，天上的飞鸟，不耕种也不收获，上天尚且要养活它；田野里的百合花，从不忧虑它能不能开花，是不是可以开得和其他花一样美，但是它就自然地开花了，开得比所罗门皇冠上的珍珠还美。你呢，忧虑什么呢？人比飞鸟和百合花贵重多了，上帝会弃你不顾吗？”

所以，急性子们不要再为未知的明天焦虑急躁了，安心地活在当下，做好当下该做的事情，用一个平和的心态去迎接明天，自然能够把任何可能发生的坏事变成好事。

你患有“慢能力缺乏症”吗

如今有一个新兴词汇：“慢能力缺失。”“慢能力缺乏症”是指紧张焦虑的工作和生活情绪无法通过自身的调整得到缓解，致使精神时刻紧绷的状态。具体表现为卷入城市的快节奏生活，无法控制自己放慢脚步等。“慢能力缺乏症”会让人心烦意乱、心情沮丧等，表面上，它是由重压的生活环境引起的，更深层次的原因却在于人们对未来的焦虑，所有“慢能力”缺乏的人都感觉必须加快脚步才能确保自己不被社会抛弃。

杨女士在公司里是一个不算小的团队的直接负责人。为了身体力行，她几乎每天都是第一个到单位、最后一个离开的。杨女士要处理的事情很多，既有大方向要把握，又有很多细节要盯着。上司有事情，她要去；下属有麻烦，她也要去。常常是一件事还没忙完，另一件事就接踵而来。

杨女士自述道："我经常忙得连上厕所的时间都没有。有时我想喝口水，端起杯子，才发现里面的水早就凉了，也不知道是什么时候倒的。等我再去打了水过来，还没喝上两口，新的事情又来了。"

在吃午餐时，杨女士更是风风火火地快速解决，她也不想这样，因为总是刚吃两口就又有事，这样的工作节奏，要一直维持到下午5点半。等同事们纷纷拎着包下班后，杨女士才有时间坐下来好好梳理当天一天的工作，再考虑考虑第二天的事情。经常到晚上九、十点，她才能回到家，捧着碗吃饭。

杨女士抱怨道："连谈恋爱的时间都没有，偶尔能逛一次街就已经是很奢侈的事情了。"

现在的社会高速发展，人们的生活节奏也越来越快。如果人们卷入城市的快节奏生活，且无法控制自己放慢脚步，那说明人们已经得了典型的"慢能力缺乏症"。这种"症状"主要是由这么几点心理因素产生的：一是觉得时间就是金钱，不甘心浪费一分钟的时间，做什么事情都变得飞快，别人耽误他一点儿时间就变得极为不耐烦。二是根本静不下来，阅读、运动这种事就不要想了，因为时间太紧，"慢能力"缺失症的人会在"不知不觉"中，走路速度变快，吃饭速度变快，连看视频都要快进。

"慢能力缺乏症"的危害在于会让人在快节奏生活中无法停下来，导致身心疲惫，长期处于这种状态并一直持续下去，心理亚健康问题会逐步凸显，比如重压下心烦意乱、心情沮丧等，看不到生活中的美好，离幸福越来越远。然而很多人并未意识到这一点，总会这样安慰自己："再拼命干两年就歇一歇，趁年轻多干一点。"这种想法驱使着我们拼命地往前跑，累得气喘吁吁。

就好像飞速旋转的陀螺，它本应该越转越慢，却被人为地不断地拨弄，只好持续地飞速旋转下去，最后"崩盘"。或许我们该好好思考一下人生的意义所在，思考一下越来越快的生活节奏是否合自己的心意，思考一下有多久没有好好陪陪家人了，这些问题将会帮我们重新审视对生活的态度，是快还是慢，我们终会作出正确的选择。

林思翰平时工作挺忙，他也很努力工作，但是他有个习惯，就是下了班之后就把工作用的手机关机，这个手机里的联系人全是他的同事、上司以及不熟的朋友。林思翰用另一个手机，这个手机的联系人则是自己老婆、父母、亲戚，还有特别熟的朋友。

林思翰的原则就是下了班，工作上的事就别找我，应酬喝酒最好也别找，林思翰总是借口自己“怕老婆”，必须按时回家，挡掉了许多饭局。而在周末林思翰更是休闲得不得了，除了在自家小区转转，或者在家里陪老婆看看电视，两个人总是短途旅行，去周边城市钓个鱼什么的。

跟林思翰差不多同龄的同事总抱怨压力大，还有的人说自己掉头发，林思翰都微微一笑，告诉他们多休息，他们都把嘴一撇：“休息？哪有时间休息？工作都忙不过来。”

快节奏的现代生活，将大家拼命地往前赶，没有业余爱好，没有假期，天天加班不能按时吃饭，不管是生活还是工作，都觉得自己“慢不下来”，仿佛一停止脚步就会被别人甩在身后。其实不然，每个人都可以慢下来的，这要看我们有没有慢下来的决心。慢下来的好处多多，它可以缓解我们心中的焦虑感，以保持良好的心情；它还可以让我们保持充沛的体力，而这些将对我们的工作和生活产生重要影响。

懂得慢下来是一种智慧，能慢下来则是一种能力，而我们更要把慢下来变成一种生活态度，成为我们生活的一部分，当我们逐渐慢下来之后，就会发现生活其实是充满安逸和愉悦的。

章 6

耐不住性子，冲动鲁莽要付代价

一怒之下踢石头，只会痛着脚趾头

人的愤怒情绪是进化过程中的一种自我保护机制，用来在复杂的自然环境中激起自我防卫的能力，打败一些猛兽。到了现代社会，这种愤怒情绪其实用处不大，然而很多人仍然控制不好自己，总是动不动就发怒，就好像全世界的人都有错一样，殊不知随意发怒，用力踢石头，只会疼着自己的脚趾头。

英国《每日邮报》报道过这样一个悲剧新闻：一个叫戈达德的人住在格温特郡，这一天戈达德的女儿凯莉与男友及另一对好友在离家约8公里处一家酒吧玩乐至凌晨1点，由于夜色已深，街上几乎没有出租车。凯莉求助父亲，让戈达德接他们回家。

大半夜被吵醒让戈达德非常不愉快，而女儿在夜店疯玩得这么晚更让他气愤，女儿也丝毫不给他教育的机会，上了车就不说话。戈达德越想越气，他为了吓唬女儿，也为了发泄怒火，故意加快车速，将时速提至约180公里，然后假装要撞水泥护栏，结果汽车失控，真的撞上了路边护栏，由于凯莉未系安全带，遭车祸后被甩出座位，头部受重伤，最终不治身亡。戈达德头部和脊椎受伤。同在车上的凯莉男友卢克·格雷伤势较轻，只有鼻梁骨折和身上几处擦伤。

纽波特刑事法庭裁定戈达德超速驾驶致人死亡罪名成立，入狱18个月，吊销驾驶执照5年。

《内经》指出："怒伤肝""怒则气上"。人在发怒时，由于交感神经过于兴奋，可使心跳加快，血压上升，故经常发怒的人易患高血压、冠心病和脑中风。若已患有上述疾病，再经常发怒不止，则可使病情加重，这是愤怒的情绪对人身体的直接伤害。愤怒的情绪的危害还不止这些，危害更大的是对人理智的灼伤。

所谓怒火攻心，当愤怒的情绪涌上心头时，人的判断力就会失衡，会做出极为不冷静的行为，对自己和他人造成伤害。生活中有非常多的刑事案件都是因为一时愤怒而造成的，事后当事人往往后悔不已，不明白自己当时为什么那么冲动。

2014年有这样一则新闻，陈某经营着一个牙科诊所，这天他关掉了店门后听到外面有人砸门，开门后发现店门口着火了，所幸没有人受伤。民警迅速赶来，经过排查锁定了犯罪嫌疑人曾某，原来曾某也在当地经营牙科诊所，而曾某的诊所被卫生部门检查多次，还因为不合格被查封过，曾某就觉得是陈某举报的，当天喝了点酒，就打算给陈某一点教训，结果换来了行政拘留15天。

"一怒之下踢石头，只会痛着脚趾头"，这是伊索寓言中的名言。意思是说在某些时候，人们会因为冲动而做了傻事。哈佛大学教授迈克尔·波特认为："最伟大的管理者是那些善于管理情绪的人。"愤怒的情绪会让人做出极端的行为，平日里再遵纪守法的人，也可能被怒火冲昏头脑，做出傻事，给自己以及他人造成伤害。

陈诚很委屈，他最近连续迟到两天，被上司批评了一顿，结果第三天因为着急而忘记了打卡，上司不由分说就又批评了陈诚，还扣了陈诚工资，陈诚感觉自己有口难言。而当天下午，陈诚又因为情绪焦虑搞砸了好几个文件，别人没说什么，陈诚反倒是生气了，他生自己的气，生别人的气，生公司的气。他愤怒地摔打文件夹，惹得同事都惊讶地看着他。

在临下班的时候，上司询问陈诚怎么了，是不是有什么不满意的地方。陈诚嘴上说着没什么，但是表情依然很不自在，他心里觉得上司是在假惺惺。在回去的路上，他越想越气，想起来过去在该公司的不愉快经历，他就气得不行，回到家里就草草写了一份辞职邮件，发给了上司。

第二天醒过来，陈诚刚要去上班，突然想到昨天发的辞职信，他浑身冷汗都下来了，赶紧跑到公司跟上司道了歉，说自己最近情绪有问题，并不是想要辞职，上司让他冷静几天，再来上班。

人常有这两种类型的性格：一是理智型，一是情绪型。前者能够控制住自己的情绪，冷静地处理所面临的问题，而后者则动辄愤怒，不计一切后果。有的人会说："我知道自己不该发怒，但就是控制不了。"如果你是这种人，那么应该好好审视一下自己。虽然每个人都避免不了发怒，但是被愤怒情绪操控对我们的伤害是非常大的。

我们要有遇事不怒的能力，也要有随时从愤怒中冷静下来的能力。发怒就是用别人的错误惩罚自己，所以在任何时候都不要被怒火冲昏头脑，要保持平和，保持一个良好的心态，当我们想要发怒的时候，去想一想值得感恩的事情，切记不要摔打东西，或者对别人咆哮，一定要学会制怒。

吕布和张飞的悲剧，冲动的惩罚最大

大家也许都知道，三国中的两大名将吕布和张飞，他们虽然骁勇善战，但是脾气却都有点反复无常。特别是张飞，不但性格冲动暴躁，做事还从不计后果。正是由于他们这种做事冲动、意气用事的性格，才造成了他们最后一个兵败定陶，一个被部下暗地杀害。

建安四年，刘备据徐州，杀车胄，张飞随刘备到小沛，经过秦宜禄管辖的铚县。秦宜禄是魏国骁骑将军秦朗的父亲，他的原配杜氏被曹操纳入后宫。张飞劝他说："曹操占了你的妻子，你还有面目做他的县长？还是跟我走吧！"秦宜禄跟张飞走了一程，后悔想回去。按理说要不要跟随应该尊重当事人的意愿，可是张飞无名火起，竟一怒之下把他杀了。

正是因为脾气暴躁，才导致张飞在东征东吴出发时，因思关羽心切，动辄鞭笞部下，被麾下将领张达、范强刺杀，更带其首级奔降孙权。如果张飞平日能善待同僚和部下，是决不会有此下场的。

二十出头的乐蓉在某设计公司策划部实习，她年轻气盛，从不会掩饰自己的脸色。这天，在公司的例会上，乐蓉拿出来自己设计了很久的方案，她在前台演示着，但是才讲了不到一半，就听到下面有"咯咯"的笑声，乐蓉一看，发现是两个更年轻的女孩在看手机短信。乐蓉停下来，大家都以为乐蓉忘词了，没想到乐蓉迅速地走到那两个女孩旁边，把方案本“啪”的一声重重地摔在她们面前，生气地说：“太过分了，你们有没有念过书，不懂得尊重别人吗？”随后，头也不回地冲出了会议室，连领导都觉得不知所措。

从此，整个办公室的人都领教了乐蓉的厉害，都尽量避开她，唯恐哪里冒犯乐蓉，引发她的怒火，乐蓉几乎变成了“独行侠”。

人们常说：“意气与冲动多是魔鬼，它会冲昏我们的理智，让我们作出错误的判断与决策。”急性子的人很容易被激怒而冲动，属于炮仗型性格，一点就着。这种不理智的冲动会让人付出很大代价，在这种情绪下很容易作出让自己后悔的决定。

德国有一句谚语说：“耐心是一株很苦的植物，但果实却十分甜美。”这句话送给那些意气用事的年轻人尤为合适。年轻人因为不懂得克制自己的情绪，很容易不分场合地发泄出来，还未耐心地听人解释，就让“情绪”成了自己的主人。

所以，凡事不要冲动，不要在不理性的情况下作出任何决定，对于一些比较重要的事情，如果时间允许的话，能等就等，不要激动，也不要气急败坏，我们只有养成理性思考的习惯，才能在怒火中遏制住冲动的行为。

赵家和方家是邻居，赵家养了一条土狗，人们夜间从其门前过，土狗便狂叫不已。

这天夜里，方家父亲起床做夜宵，赵家的狗就没完没了地叫，方父气得去打狗，狗叫得更凶了，惊醒了赵家的人，双方因为狗就骂了起来。赵家儿子动起手来，场面一片混乱，民警到了后大家才收场。

第二天上午，方父正躺在床上，突然闯进几个人朝他的脸上狠狠地甩了几巴掌，方父又惊又气，忙叫妻子向远在重庆的两个儿子方向明、方向东求援，电话里方母声嘶力竭地强调方父被人打了。

方向明兄弟俩接到电话后火了，扔掉工作，立刻就坐飞机赶回浙江老家。回到家里了解了情况，兄弟俩咽不下这口气，就去赵家讨说法，去之前方向明还买了一把水果刀藏在身上，而方向东则在口袋里放了一把剪刀。

到了赵家，方向明兄弟又跟赵家的人吵了起来，双方谁都不服谁，兄弟俩就用拳头将赵家儿子打倒在地，然后一个用水果刀捅，一个用剪刀戳，前后捅了17下。等看到赵家儿子躺在地上一动不动时，方向明兄弟俩才慌不择路地逃出了家乡。幸好发现得及时，赵家儿子被救了过来，但方向明兄弟俩最后还是被抓捕归案，从高级白领变成了阶下囚。

不管做什么事情，一定不能在发怒时去做，要先给自己的大脑降降温，冷静下来后再去处理也不迟。假如急性子的人不懂得管理和控制自己的情绪，任它们不分场合、不分地点、不分对象，肆无忌惮地发作，那么时间久了你身边的朋友、同事甚至亲人都会对你产生“畏惧”，渐渐疏远你，孤立你。当然他们并不是真的害怕，而是无法忍受你多变的情绪，以及写在脸上的各种心事罢了。

我们在生活中一定要少一些怒气，少一些冲动。要学会“三思而后行”，多用脑袋思考，这样，才不会去做“情绪”的奴仆。

一代球王的最后一战，被激怒就意味着被消灭

急性子容易被激怒是不争的事实，而这也是急性子的人的一个致命弱点，很多急性子的人在被激怒后会做出一些让自己悔之晚矣的举动，虽然那并非是本意，但是在盛怒之下，大脑已经不能够思考，生活里有太多这样的例子了，连一代球王齐达内都摆脱不了这种“魔咒”。

在2006年7月10日进行的第18届世界杯决赛中，齐达内开场就利用点球帮助法国队取得领先，马特拉齐随后扳平比分。当比赛进行到109分钟时，马特拉齐后场盯防齐达内，两人似乎发生口角，齐达内丧失冷静，突然头部顶在马特拉齐胸口上，这位意大利后卫应声倒地，主裁判埃利松通过和第四官员交流，向法国队长齐达内出示了红牌。

最终，法国队在点球大战中不敌意大利，遗憾地与大力神杯擦肩而过。而在齐达内下场前，法国队一直处于进攻态势，但是齐达内的不冷静行为，使得本身局面占有优势的法国队最终输掉了比赛。

镜头捕捉到一代球王齐达内在自己的落幕世界杯中，黯然从大力神杯旁边走过。齐达内在接受法国电视台采访时，他说道：“当我在场上往回走时，马特拉齐在身后一直不停地侮辱我的母亲和我的姐姐，他的话语让我实

在难以忍受。开始我不想听，但是他仍旧不停地说，最终我没有控制住自己。”

齐达内在自己的谢幕演出中以这样的方式结束是让人唏嘘的，他没抗住最后的几分钟，被激怒后做出了过激举动。有句话说：“要消灭他，先激怒他！”急性子的人内心深处总有一些地方不能被碰触，一旦有人越过了这条“高压线”，他们必然会勃然大怒，他们会立刻反弹，然而在这种盛怒之下，做事情不经过大脑，总会把事情搞砸。

古人有言：“知止而后定，定而后能静，静而后能安，安而后能虑，虑而后能得。”凡事要谋而后定，即便是在特别极端的情况下，比如，一些急性子的人会在被羞辱、被误解、被低估等情况下被激怒，进而做出过激反应，而这样的性格是会给自己带来很多伤害的。

容易被激怒的人很容易被人利用，生活里会有人针对这一点来故意激怒你，目的是让你做出过激反应，做错事情，以达到自己的目的。对此我们要特别警惕，时刻保持心态的平衡，你若不察、不慎，便会掉入别人为你设计的情绪圈套当中。

2010年，姜文的一部《让子弹飞》火爆全国，其快节奏的剧情和台词，精致的剧本和画面，让观众们大呼过瘾。

电影中，张麻子带着一伙土匪来到鹅城做县长，当地恶霸黄四郎要找他们麻烦，就买通加威胁了一个卖凉粉的老人。在张麻子的养子小六子吃了一碗凉粉之后，老人告状到县衙，表示小六子吃了两碗凉粉，只给了一碗的钱。

年轻的小六子急于证明自己的清白，黄四郎的走狗胡万一个劲地说小六子是骗子，刚烈的小六子怒不可遏。胡万表示如果小六子能够证明老人说谎，自己就道歉，而如果不能，那小六子就要给乡亲们一个交代。至此，小六子已经被激怒，他拿来刀和碗，剖开自己的肚子，想让大家看看肚子里是不是只有一碗凉粉。小六子证明了自己的清白，但是他也中了对方的圈套，最终小六子伤势过重死掉了。

容易被激怒，说明你的身心还不够强大，你的心理承受能力还不够坚韧。武则天时期，宰相娄师德被很多人嫉妒，他的弟弟授任代州刺史，将要赴任时，娄师德问他：“我官居宰相，你现在又当上了刺史，可谓荣宠过盛，很多人都嫉恨我们，你说该怎么办？”弟弟说：“就算别人把唾沫吐在我的脸上，我自己擦掉就可以了。”娄师德说：“这恰恰是我最担心的。人家拿口水唾你，是人家对你发怒了。如果你把口水擦了，说明你不满。不满而擦掉，就会使人家更加发怒。应该是让唾沫不擦自干。”娄师德是聪明人，他懂得身居高位不能被激怒的道理，他知道不管他做出什么反应，都会立刻有奏折弹劾。

所以，不管在什么情况下，千万别轻易被人激怒，只要心静如水，那些激怒你的行为自然会消退。这样，你在这场斗智斗勇的战争中就会大获全胜，对方也会因失算而灰溜溜地离开。有了这一次的胜利，以后就再也不会有人敢轻易来激怒你了。

不会被激怒就不会被消灭。保持一个宽厚平和的心态，能让我们成为一个身心强大的人，正视别人对我们的挑衅，无论对方是有意还是无意的，我们只当作清风拂面就好。

冲动之下做出办不到的承诺是枷锁

“没问题，包在我身上吧！”有多少急性子的人把这句话脱口而出？又有多少人真正地完成了自己的承诺？很多时候，头脑一热，一时冲动就答应别人的某些请求，结果把自己置于一个尴尬的境地，虽然我们有心帮助对方，但是有时候真的是力不能及，反而给自己造成了一个失信于人的处境。

宋朝，有个商人乘坐渡船，结果没想到遭遇了大风浪，商人不小心从船上掉下来了。正巧一个渔夫划船路过，商人拼命地求救，商人叫道：“我是苏州一带的大富翁，你如果能救了我，我给你一百两银子。”渔夫把他救上岸后，商人却只给了他十两银子。渔夫说：“你明明答应给我一百两银子，怎么现在只给我十两？你太不讲信用了！”

商人反而乐了：“你一个打鱼的，我给你十两银子还不满足？这已经够你一年的收益了。”渔夫没再说什么，划船走了。

后来有一天，这商人再次乘船远行，没想到又遭遇了触礁，船沉入水，商人又开始呼救。正好原先救过他的那个渔夫路过那里，然而却没有理会商人，兀自划船回岸。有人问渔夫：“你为什么不去救他呢？”渔夫说：“他就是那个答应给我一百两银子而不兑现承诺的人。”商人很快就沉入水底淹死了。

急性子的人在跟别人交往的时候，会心直口快地做出一些承诺，事先根本没有考虑该承诺是否能够兑现，就拍着胸脯告诉对方放心，对方信以为真，结果他自己却尴尬了。做出的承诺就好像枷锁一样，兑现不了会失信于人，更可能付出极高的代价。上面故事中的商人，在生命受到威胁之际，承诺脱口而出，一旦脱险，却出言反悔，之后再遇险而不被救助，这就是他言而无信后付出的代价。

俗话说："没有金刚钻，别揽瓷器活。"不轻易承诺自己做不到的事，或者在做承诺之前进行充分的考量，评估自己能否完成承诺，然后再给对方答复，这样就能够做到"言必信，行必果"。

著名作家巴尔扎克说过这样一句话："如果你想成为一个有出息的人，那就把诺言视为第二宗教，遵守诺言就像保卫荣誉一样重要。"说出的话如同泼出的水，如果一个人在生活中对别人不停地许诺这个许诺那个，最后每个都没有实现，那这就是失信于人，以后都别再想让别人对你怀有信任。

而且，承诺时要留有余地，如果你对情况把握不大，就不要用肯定的词汇，请尽量用诸如"尽可能""一定努力""尽力而为"等有灵活度的词语，这并不是给自己找借口，而是给双方留一个回旋的余地。

有这样一个有趣的故事：1797年3月，拿破仑在卢森堡第一国立小学演讲时，激动地将一束价值三路易的玫瑰花送给了该校，颇为兴奋的拿破仑对校长说道："为了答谢贵校对我，尤其是对我夫人约瑟芬的盛情款待，我不仅今天献上一束玫瑰花，在未来的日子里，只要我们法兰西存在一天，每年的今天我都将派人送给贵校一束玫瑰花。"

随后拿破仑因穷于应付连绵不断的战争，也因为被流放的缘故，这个诺言就没有兑现。直到1984年，卢森堡人居然旧事重提，要求法国把这些年"亏欠"的玫瑰花补上。对此，他们给了法国政府两个选择：要么从1797年算起，以3个路易一束玫瑰花作为本金，以五厘复利计算全部偿还；要么法国政府在全国各大报刊上公开说明拿破仑是个言而无信的小人。法国当然不愿意做有辱拿破仑的事，只好同意付钱，可是计算过后，发现原本才三路易一束的玫瑰花累积起来居然高达1 375 596法郎！

很多时候急性子都是头脑一热，就什么都答应了，然而事情总是在变化的，有很多事情今天看起来很容易，但是过段日子就可能会变得非常难，这样对方就会因为你的承诺没有兑现而失望。所以，面对别人的要求或者自己应该做的事时应该三思而后承诺，仔细分析事情的成功率有多大，能不能在遇到变故的时候依然完成承诺。

所以，切忌打肿脸充胖子，别人求你帮忙，能办到就说能办到，办不到就说办不到，向对方表示“可以试试”就够了。不要觉得这种事情办不到太丢脸于是就随意应承下来，最后还是办不到，这样既耽误了别人的时间，又毁了自己的信誉，岂不是更丢脸？乱开空头支票最后一定是对双方都没有好处。

关键时刻嘴上站着一个“把门的”会让你更好地处理交际来往事宜，不随便承诺更可以给人留下一个“不开口则已，开口则一诺千金”的印象，进而赢得更多人的信赖，所以，我们一定要做到“诺不轻信，故人不负我；诺不轻许，故我不负人。”

危机面前自乱阵脚才是最大的危机

危机面前能保持什么样的心境，几乎是一个人能够有多高成就的重要标准之一。有相当一部分人有处理危机的能力，但是并没有一个很好的心态，所以有能力也是白搭，要知道，自乱阵脚往往是危机中最大的危机。

《晋书·谢安列传》中记载了这样一个故事：

前秦苻坚率领80万大军，以投鞭断流之势大军压境，东晋京师一片恐慌。朝廷派出谢安为征讨大都督，谢安的侄子谢玄是前方指挥，忐忑地问谢安要如何应敌，谢安只是淡淡地说了一句："朝廷早有安排了。"

在大战来临的关键时刻，谢安居然跑到山里的别墅，而且呼朋唤友来下棋取乐，甚至以别墅为输赢的赌注。谢玄平时的棋艺远远超出谢安，然而因为担心前方战事，根本无心下棋，结果败给了谢安。谢安赢棋之后，回头对外甥羊昙说："别墅送给你了。"说罢便登山游玩去了，一直到天黑才回来，然后便部署兵力和计策。

形成对比的是对方主将苻坚，苻坚在开战之前，一直轻视东晋的兵力。可是，当他站在城墙上看下去，却发现对方摆出滴水不漏的阵势，缓缓逼近。苻坚不禁内心动摇，误以为前面八公山上的草木，皆是东晋的军队。

苻坚在惊慌中回头问他的参谋："我的天啊！没想到东晋居然有这样的大军！"自乱阵脚的苻坚虽然有80万大军，然而却一败涂地。于是，淝水之战成为我国历史上著名的以少胜多的战役。

而当捷报送到谢安手中时，谢安正在跟客人下棋，他看了看捷报，并没有过多的反应，继续下棋。客人忍不住问："前方战事到底怎么样了？"谢安轻描淡写地回答："小儿们到底还是打败了敌寇。"

淝水之战中苻坚和谢安形成了鲜明的对比，劣势的一方镇定自若地排兵布阵，优势的一方反而草木皆兵，这是淝水之战以少胜多的最根本原因。由此可见在危机面前，保持镇定的头脑是多么的重要。

苏洵有云："泰山崩于前而色不改，麋鹿兴于左而目不瞬。"一些急性子遇事容易慌乱，常常不假思索就作出判断，甚至有的时候惊慌失措，这样就容易把事情越做越糟，并不能有利于危机的好转，正如苻坚率80万大军却败北一样。危机并不可怕，可怕的是在危机中没有以一个良好的心态应对，反而自乱阵脚，被慌乱打败。

李鸿章曾经把三个人推荐给曾国藩，想要他们到曾国藩的帐下效命。曾国藩叫这三个人到他的府邸去，但是曾国藩却并没有立即出现，而是拖了很长一段时间，曾国藩就在暗处观察门廊处的三个人。

其中两个人显得极为不耐烦，走来走去，东张西望，第三个人则背负双手，仰头看着天上的浮云。最后，曾国藩出来了，他给了前两个人很普通的职位，给第三个人委以重任，这个人也不负众望，成为首任台湾总督，他就是刘铭传。

现代管理学认为，人的情绪状态对认知和决策有着极大的影响，要保持高度的冷静、高度的清醒、高度的理智，进而达到一种寂然不动、指挥若定的精神状态，这样才能够做出最佳、最正确的决策。要做到能够以静制动，面对危机情况我们不要担惊受怕；要做到波澜不惊、心静如水，这样自然能够从容地把危机解决。

心里窝再大的火，也不能和领导拍桌子

一些急性子在职场中脾气直爽，有时就会跟老板发生一些不愉快，在这种情况下，急性子的人往往会压制不住自己的脾气，跟老板大声理论，甚至争吵，即使老板理亏，这种不冷静的行为也会让我们付出不小的代价。

俊哲最近很生气，他跟领导有些矛盾。俊哲的工作是给领导开车，一周之前领导告诉他在某剧场门口等着，结果路上堵车了，俊哲赶到的时候，领导已经在门口站了十分钟。领导上车后就没有好脸色，批评了俊哲一顿，俊哲自知理亏，赶紧跟领导道歉。

两天前，小心谨慎的俊哲又出问题了，他载着领导在公路上行驶，领导跟他说话，俊哲就用心听着并回答问题，结果一不留神，没注意到红灯，等车停下来才发现已经压过线了，被扣了分。

领导明显又不开心，言语间的意思好像俊哲开车技术不高，怎么能够胜任。俊哲心说要不是你跟我没完没了地说话，我怎么能闯红灯？俊哲一个人在车里郁闷着，领导又打电话过来，告诉俊哲去接他，不幸的是俊哲又迟到了五分钟。领导当时就火了：“小哲你怎么搞的？你是司机，难道还要我

等你吗？每次都迟到，还闯红灯，坐你开的车真是危险，你还想不想干了你？”

俊哲使劲地摔上车门，也喊道：“我不干了！没人伺候你，就迟到五分钟，你喊什么喊？”俊哲走了，这就算是丢了工作，当月工资也不可能拿到了，回到家里俊哲的心情还没有得到平复，依然非常生气。

有一句话叫做“屁股决定脑袋”，这句话不够文雅，但是很能说明问题。老板有老板的位置，他所坐的位置决定了他的思考方式和说话方式，而我们从员工的角度会觉得某些工作真的很难，老板一点也不体谅，还要求严格，一想这个就火大。

有时候老板可能误解了我们，或者盲目批评我们几句，如果我们把这种东西无限放大的话，就会对老板产生不满，很容易怒火冲天。有很多人都觉得老板什么都不懂还要指手画脚，所以非常不开心，其实不妨仔细想想，老板如果真的什么都不懂，又为什么能坐在老板的位置呢？

更何况即便老板真的什么都不懂，对我们发脾气，批评我们，难道我们也对老板发脾气、拍桌子，就有好处吗？不管怎么说，老板毕竟是老板，他们需要维护自己的尊严，需要有人承认他们的地位，即使领导再开明，再宽宏大量，下属随意拍桌子也会让他们很难堪，这很容易影响我们的职业生涯。

所以，不要在冲动下跟老板发脾气，要保持平和的心态，被批评几句其实没什么。如果真的和老板之间存在沟通问题、理念问题等，可以在大家都头脑冷静的时候，跟老板谈谈心，把问题谈一谈，做解决问题的事，不要用发怒来处理问题。

李正霖因为业务上的问题跟老板生气了，本来业务失误并不是他的错，但是老板不由分说地批评了李正霖一顿，李正霖很委屈，觉得老板太差劲了，一点能力都没有，总是喜欢骂人，李正霖思来想去觉得不甘心，晚上就递交了辞职信。

老板也很爽快，付清了工资就让李正霖走了。李正霖走出公司大门后，才意识到，自己又将踏上找工作的路，又要面临沉重的生活压力。而自己是非常喜欢原本的工作的，可是因为自己的一时冲动丢掉了工作，也不可能再回去了，李正霖默默地叹了口气。

你觉得在盛怒之下辞职离去很潇洒吗？的确有很多厉害人物辞职后获得了更高的发展，但是对于普通的我们来说，辞职就意味着一段时间的不稳定收入，要重新找工作，重新熟悉环境、建立人脉，而对于我们的老板来说，无非就是再招聘而已。如果工作不适合自己，或者想换一个更好的环境，那么辞职另谋高就是很正常的，但如果因为跟老板的一点矛盾，就觉得委屈觉得生气要辞职，这是毫无意义的。

如果你总是觉得老板无能，请别急着怪罪，老板关乎行动，而不是位置，老板到了那个位置，不等同于具有完美无瑕的领导力。所以，不要去跟老板“死磕”，某些时候不能讲公平或者公理，《共鸣领导学》一书的作者安妮·玛琪提醒我们：“现实就是，这个人在组织里比你更有权势！”不论觉得老板如何无用，除非你想要毁掉你的事业，否则不要跟老板生气，也别总是一气之下就动辞职的念头，这样的做法会使你打不赢任何职场战争。

你也想辞职去看世界？别冲动

2015年4月，一封辞职信在微博上引起热议，无数网友纷纷转发评论，该辞职信只有十个字："世界那么大，我想去看看。"有人评这是"史上最具情怀的辞职信，没有之一"。经采访得知，写辞职信的人是2004年7月入职河南省实验中学的一名女心理学教师。如此任性的辞职信，领导最后真批准了。众多网友都说这位教师做得对，纷纷表示都想像这位教师一样"任性"，但又有很多网友表示"没有胆量"，放不下手头的工作以及家庭。

网友们的想法是正确的，大家都很理智，没有盲目模仿，因为并不是每个人都具备这样的心境和环境。微博上有一句流行语叫做："人生需要一场说走就走的旅行。"这跟那封十字辞职信有异曲同工之意，这充分说明了如今人们在生活重压下对于远方的向往。这样的做法虽然浪漫诗意，不过还是得劝人们一句：别冲动。

"人生需要一场说走就走的旅行。"这句流行语意在调侃忙碌的生活，旅行是没问题的，问题在于不能说走就走，尤其是当我们在公司里工作，或者还有家庭要养的时候。说走就走，旅行两个月，心灵也洗涤了，眼界也开阔了，回到车水马龙嘈杂的北京上海，发现工作没了。

可能有的人会说："这算什么！工作没了再找呗！"的确，工作没了可以再找，但必须要指出的是，找到一份合适舒心的工作并不容易，也可能找了两个月后成功应聘，过了一段时间却发现公司不合适自己，又要辞职，又要从头来过——几番折腾下来，你就会发现你这一年几乎什么都没干成，只短短地干了几个月，而且拿的都是试用期工资。频繁辞职的负面影响是：当你去应聘时，对方拿出你的简历，发现你曾经在十几家公司干过，每次时间不超过3个月，对方会作何感想？

如今很多性子比较“野”的年轻人有了新的工作方式，就是他们会在不同的旅游城市之间穿梭，比如，突然辞职就去了云南，玩了一段时间后就在当地找一份工作，“腻了”之后再去其他地方……这种做法会让你存不下积蓄，因为临时找的工作薪水不会很高，同时又要承担生活费、旅行费，你会发现一番折腾下来没跟家里要钱就已经非常不错了。

魏媛大学学的是新闻专业，毕业后却阴差阳错地进入一家网络公司做宣传。魏媛的心里是喜欢自己的新闻专业的，希望在报社、电视台做新闻，只是有人告诉她：“你刚毕业，这家公司给的薪水又高，你就别挑了。”魏媛就去了网络公司。

一年之后，魏媛终于心生厌倦，实在对工作提不起一丝兴趣，再加上跟几个同事有些误会，关系也不愉快，魏媛找到了领导，说道：“领导，我不想干了，我想去南方城市待一段时间，在那边发展发展。”

领导很诧异，以为她是嫌工资低，便说：“这样吧，下个月给你提高20%工资，好好干，你干得很不错。”魏媛说道：“领导我不是要涨工资，我真是不想再干了，我学的是新闻专业，我想有点追求。”

领导跟魏媛做了挺长时间的谈话，明白了魏媛的意思，劝道：“你一个女孩子，孤身跑到南方从头来过，你想过这样有多艰难吗？再说了你的父母都在这边，你去了南方可能就只能一年见一次了，你想好了吗？咱们公司的确不适合你，这样吧，我不强留你，我给你介绍到我朋友公司，他们做新闻网站的，去南方的念头你再好好考虑一下。”

如今，魏媛已经在那家网站站稳脚跟，收入稳定，工作也很舒心，她很庆幸自己没有在冲动之下跑到南方，不过，在春节时，她总会带着二老去云南、海南度假。

冲动辞职旅行不应该被提倡，有些急性子的人工作中一遇到问题首先想到的就是辞职，工作不开心辞职、工资太少辞职、不喜欢老板辞职、工作太累辞职……辞职不是解决问题的最好办法，我们要学会冷静思考：老板为什么给的工资少？老板为什么好像不待见我？为什么同事关系这么难搞？为什么工作做不来？好好思考一下这些问题，看看问题是出在自己身上还是公司身上，然后再决定是否辞职。

作为一个员工，尤其不要用辞职来要挟老板，不要以为提出辞职，老板就会给我们升职加薪，没有一个老板愿意受到要挟，除非你特别出色，否则对公司来说无非就是走掉一个员工而已，重新招聘就是了。而对于你来说，职场黄金年龄不过十年，每一年都耽误不起。

很多人一冲动就离职了，忽略了对后续问题的思考，对此我们一定要有一个现实的态度。如果你接下来不能马上找到工作的话，手里的积蓄能让你维持几个月？这一点务必要考虑清楚。所以，辞职换工作或者旅行前，应该有慎重的思考，并对自己的职业有清晰的规划，这样才是对自己负责任，对其他人也负责任的表现。

世界那么大，应该去看看；不过世界永远在那里，不必急于一时。

做生意，意气用事最危险

急性子做生意风风火火，做事说一不二，这种性格能够在短时间内把生意做大，但是这种性格也容易意气用事，这是做生意最忌讳的。有些意气用事的生意人会跟竞争对手“死磕”，对方降价，自己要降得更多；对方进货，自己要进得更多，时间久了就会拖累自己的生意。可见，把意气用事的性格放到做生意上是十分危险的。

王京华经营着一家拉面馆，店里有两个服务员，他自己则在后厨做拉面，承蒙左邻右舍的照料，每天都有不菲的收入。王京华更是尽职尽责，这个拉面馆就好像他的儿子一样，他十分重视。

这一天，来了两个混混模样的人，从点餐开始就不断地为难服务员，甚至还跟女服务员开低俗的玩笑。最开始的时候王京华并不知道，因为他在后厨，外面的服务员不堪其扰，就有些态度不好。

没想到这两个混混反而得寸进尺，把王京华店里的桌椅板凳全都踹翻了，并要服务员赔礼道歉才行，两个混混在店里骂骂咧咧的，大有闹事的意思。

王京华得知后勃然大怒，他提着擀面杖就出去了，指着两个混混喝道：“你们要干什么？赶紧离开我的店，要不然我就不客气了！”

两个混混不以为然，对王京华出言不逊，王京华一怒之下就冲了上去，跟混混打了起来，三个人在店里扭作一团，打得不可开交，最后都头破血流，受了轻伤。

派出所的民警把两个混混带走了，王京华也做了笔录。民警告诫他："以后不要冲动了，你等我们来就完事了，你跟人家打什么打？看把头都打破了。"

王京华也知道自己太冲动了。这一冲动，不仅让自己受了伤，还打破了店里许多东西，损失了一大笔钱。

《孙子兵法》里说："主不可以怒而兴师，将不可以愠而致战。"用现在的思想表达就是：不要把个人的情绪带到工作中。作为生意人，应该有宽阔的心胸，进行市场经营决策时，更不能意气用事，否则就会得不偿失。上述故事中的王京华不正是真实的写照吗？

在历史上也有这样的例子。战国时期，齐国想攻打宋国，燕昭王派张魁作为使臣率军前去帮助齐国作战，而齐王却稀里糊涂地把燕昭王派来帮助自己的张魁给杀了。燕昭王得知后自然非常气愤，发誓要为张魁报仇，决心给齐国一点颜色看看。幸好被大臣劝了下来，燕昭王忍辱负重，采用"千金买马骨"之计，引来八方贤士，燕国日渐强大，这才报了大仇。如果燕昭王当时意气用事，以卵击石去攻打强大的齐国，势必会给整个国家带来灭顶之灾。

在生意场上，我们经常能碰到一些有实力与自己竞争的对手，成为自己事业上升的绊脚石。可越是在这种情况下越要保持冷静，轻敌、意气用事都会让我们作出错误的判断，做出有损生意的事情。

商业街里有一家十几年的老店，经营着各种当地特色的小饰品，但是不久前，对面也开了一家同样的小饰品店，而且打着新店开业促销的旗号，把老店的生意全都抢走了。而且那家店主人颇懂年轻人的喜好，推出了许多情侣款、闺蜜款的饰品，紧跟潮流，深得年轻人的喜爱。

老店老板气不过，觉得自己做这行十几年了，怎么会被一个毛头小子给打败，他想了想，起了个大早到批发市场进了一大批货，各式各样的小饰品都有，足够往常卖好几个月了，老店老板觉得只要把自己店的东西丰富一下，全都摆出来，营造出一份红火的气氛，顾客自然就来了。

可是没想到，新开的那家店只出了一招，推出买三送一活动，又迅速地吸引了客人。老店老板囤货时间太久，他一狠心也降价，推出买二送一，买五送四的活动，又把客人拉了回来，老店老板很是满意，觉得竞争对手也不过如此，根本不足为惧。

结果到了月末算账的时候发现，这么大量的赠送导致入不敷出，当月反倒赔了不少钱，老店老板着急又上火，不知道该怎么办才好。

某地两个公司的员工互相用毛笔涂抹对方张贴在街边的广告画，发展到后来竟然开始有撕毁的行为，闹到最后双方上百人大打出手，成为一时新闻。可想而知，这种心态是做不好生意的。要知道商场就像看不见硝烟的战场，玩的都是运筹帷幄、商业运作，可不是打架这种被愤怒冲昏头脑的行为。

做生意需要激情，但更需要理智驾驭，意气用事、浮躁冲动是商家之大忌。做生意讲究头脑冷静，最忌冲动，一冲动难免就要在阴沟里翻船，一意气用事难免就要在商海中触礁。在商界竞争中，我们要学会隐忍，学会厚积薄发，用计谋去赢得胜利，耐心等待属于自己的机会。

下篇

章 7

耐住性子，
忍得了寂寞才守得住繁华

在逆境中坚守，守得云开见月明

相传，孔子有门徒三千，其中比较有名的有七十二人，被誉为“孔门七十二贤”，而颜回又是孔子最得意的弟子之一。颜回的一言一行，都非常合乎孔子的心意，所以常常被孔子拿来作为教育其他弟子的典范。

孔子曾经当着众人的面说过：“颜回每天只是吃一小筐饭，喝一小瓢水，住在穷陋的小房中，别人都受不了这种贫苦，颜回却仍然不改变追求大道的乐趣，真是贤德啊！”颜回因为这种身处逆境而心中却依旧乐观向上的精神品德，深受孔子的喜欢，所以当他英年早逝之后，孔子痛不欲生，连连大呼：“噫！天丧予！天丧予！”颜回用自身行动告诉我们这样一个道理：一个人只有在逆境中坚守，不急不躁，极具韧性，才能够成就大事。

明代著名的讽刺小说家吴敬梓，从39岁开始写《儒林外史》。当时，因为生活贫困，不得不靠典衣当物、卖文和朋友的接济为生。他的朋友曾写诗来形容他当时的苦境：“囊无一钱守，腹作干雷鸣，近闻典衣尽，灶突无烟青。”更有一次，吴敬梓无物可当，断食两天，夜间写书时，冷得难以忍受，他就邀请几位穷朋友，绕城跑步取暖，称之为“暖足”。

但是命运的困苦并没有把吴敬梓压倒，他孜孜不倦，愤笔写书，在他49岁那年，终于完成了30万言的《儒林外史》，垂名青史。吴敬梓在逆境中用深刻的笔触写下了众多鲜活的人物，为我国的文学史添上了一座丰碑。

谁都不想碰到逆境，但这是无法避免的，在通往成功的道路上有无数的逆境，只有坚韧的人才有资格品尝成功，因为逆境是一块试金石，它会剔除掉意志不坚定的人、心浮气躁的人、急于成功的人，让真正有耐力的人才成功。

孟子说过："天将降大任于斯人也，必先苦其心志，劳其筋骨，饿其体肤，空乏其身，行拂乱其所为。"可见，人要做成些事情，总要经受些磨难与锻炼。世人是无法规避这个准则的，南怀瑾如此，我们也如此。《史记》为证："文王拘而演《周易》；仲尼厄而作《春秋》；屈原放逐，乃赋《离骚》；左丘失明，厥有《国语》；孙子膑脚，兵法修列；不韦迁蜀，世传《吕览》；韩非囚秦，方有《说难》《孤愤》；《诗》三百篇，大抵圣贤发愤之所为作也。"成就任何事业，不愿经历磨难的都是非分之想，即便侥幸得逞，也不过是不堪一击的"伪成功"。

性情急躁、意志不坚的人是体会不到成功的。只有逆境中的坚守，才能真正让人守得云开见月明，正如贝多芬说："痛苦让我领悟了人生的真谛——做不平常人，成就不平常事，它让我懂得了痛苦的价值。"而伏尔泰也说："不经巨大的困难，不会有伟大的事业。"痛苦是人生最好的老师，尤其在即将踏上生活征程的时刻，我们只有不断地锻炼自己，当我们经历了这一切之后再回头看向来时的路，才会明白自己所承受的多么一切是有价值。

米勒是19世纪法国的著名画家。他生于农家，年轻时跟人学画，因为不满老师浮华的艺术风格，选择了离开。后来，米勒在巴黎以画裸体画卖钱糊口。他对此种艺术感到厌倦，但其他题材的画又卖不出去。为了生存，他用素描去换鞋子穿，用油画去换床睡觉，还曾为接生婆画招牌去换点钱。米勒曾一度陷入贫困、苦恼和绝望的深渊。

后来，为生活所迫，米勒只好离开巴黎住到乡下去。在农村，虽然生活条件依然很恶劣，他依然未能摆脱贫困，但美丽的大自然和淳朴的农民及其农家生活，激起了米勒作画的热情。他忍受了一切艰难，哪怕吃不上饭也要坚持创作，画出了许多著名的作品。如《拾穗者》，该作品就是在极度困苦的情况下，看到了劳作的人民，突然间迸发出灵感，所创作出来的作品。

璞玉没有经过打磨之前只是一块石头；宝剑没有经过淬炼以前只是一块顽铁；而没有经历过人生风雨的人，永远都只是生长在温室的花朵，虽然娇艳美丽，却经不起风霜。困难虽然是阻挡成功之路的绊脚石，但同时也是助推成功的踏板。只有经历过重重苦难考验的人，才能磨炼出顽强的意志，才能有勇气面对更大的困难，才能在成功之后，依然保持警惕，不至于让成功来得快，去得也块。

逆境是一笔财富，它会让我们坚强起来，摆脱了安逸的环境，我们才能在逆境中逐渐成长。成功永远与苦难和困难并存。我们要知道，河蚌之所以能孕育出美丽的珍珠，前提是因为它能百般忍受沙粒入体的痛苦。没有经历过困难的成功，就像是没有打好地基的楼房，建得越高，坍塌得越快。

坦然面对一时不顺，耐心等待机会

急性子的人面对困境或不顺心的事总会心焦气躁，或者自怨自艾，甚至会大发雷霆，完全没有耐心。其实对于一时的不顺，大可不必着急，咬咬牙就熬过去了，而一旦熬不过去，那么你就要面临失败。

宋代大词人柳永第一次赴京赶考以落榜告终。年轻气盛、自觉才高八斗的柳永很不服气，觉得自己被埋没了，他挥笔写下一篇充满抱怨和牢骚的词，叫做《鹤冲天》：“黄金榜上，偶失龙头望。明代暂遗贤，如何向？未遂风云便，争不恣狂荡？何须论得丧？才子词人，自是白衣卿相……忍把浮名，换了浅斟低唱。”

词的大意是说皇帝没有发现自己，朝廷遗漏了贤才。发牢骚的柳永只图一时痛快，压根没有想到就是这首《鹤冲天》铸就了他一生的辛酸。宋仁宗得知这首诗，便下令：“且去浅斟低唱，何要浮名？”也就是传说中的“奉旨填词”，这意味着柳永永远也不可能踏入仕途了，柳永很悲伤，便开始流连风月场所。后来，柳永名气越来越大，歌舞场上的辛酸和旅途的风雨成就了柳永的不朽和宋词的辉煌，但是也让他此生再也没有办法踏入仕途，以实现更大的抱负了。

谁都有不顺利的时候，谁都有处于人生低谷的时刻，越是在这种逆境中越需要耐心，慢慢地逆境终会熬过去。如果像柳永一样总是发牢骚、抱怨连天，长此以往，谁都会摧毁自己努力的意志，失败也就在所难免了。

急性子的人总会有些急功近利。当然，谁都想能早一点实现自己的理想，大展宏图，这种心情本是无可厚非的，但是我们更应该学会去控制它，毕竟凡事不是着急就能完成的。

任何一个人的才华的培养都是需要时间的，资质聪颖者可能需要的时间短一些，资质普通的人就需要较长一点的时间。大多数的人应该都是属于普通人一类的，这就意味着我们急不得，有时候成功考验的不是一个人的能力，而是耐力，你再有能力却坚持不下去，也是白搭。

只要我们能够耐住性子，咬紧牙关，提高自己的能力，使自己成为一个真正的实力派，就一定可以“不鸣则已，一鸣惊人；不飞则已，一飞冲天”。历史上大器晚成的人比比皆是，都是值得我们学习的榜样。

我国著名的军事家、政治家姜尚是大器晚成的典范。姜尚出生时，家境已经败落了。姜尚年轻的时候，为了生计，做过屠夫，也开过酒坊卖过酒，但是他并没有因此而灰心丧气。无论干什么，姜尚都不会忘记学习，他始终勤奋地学习天文地理、军事谋略，研究治国安邦之道，期望有一天能够施展才华。

然而在那个等级森严的年代，才华出众的姜尚始终找不到施展才华的机会，但是他并没有放弃，直到花甲之年，依然心有坚持。功夫不负有心人，在渭水河畔钓鱼的姜尚“钓”来了慧眼识英才的周文王，他的人生由此发生改变。周文王拜姜尚为相。在姜尚的治理下，周国日益强盛。武王继位后，姜尚更是兴兵讨伐商朝，辅助周武王建立了八百年的周家天下。

机遇总是偏爱那些有准备的人，若是没有准备好，即使有机会，我们也难以抓住。如果加上运气的成分，即使被我们抓住了，也难以长久。所以，当我们扎根于大地的时候，不要急于摆脱泥土，我们要想办法让自己发的光更亮，不断地打磨自己、耐心等待，时间是最公平的武器，只要我们愿意等、愿意去争取，时间会给我们一个满意的答复。

坦然面对一时不顺，耐心等待机会，不要觉得自己到了某个年龄，以后就没有机会了。机会永远都在，之所以没有降临是因为我们根本没有准备好，只要你一直朝着既定的路走下去，不要停下脚步，就一定能够走到终点。

韬光养晦，在沉淀中突破自我

“韬光养晦”一度被人认为是智慧的代名词，我们都知道其含义是什么，但是很少有人能够做到，很少有人能静下心来沉淀自己。这需要极高的耐心，并不是“忍耐”两个字就能够概括的，这既是一种明哲保身的做法，又是一个提高自己的过程，在忍耐中不断提升自己，这才是真正的韬光养晦。

关于“韬光养晦”的典故，历史上最有名的当属《三国演义》中“青梅煮酒论英雄”了。

故事发生时，刘备人微言轻，地位很低，而董承跟刘备等人立下盟约要除掉曹操，刘备担心曹操怀疑，就每天在后花园种菜，还亲自打水浇菜。这一天，关羽张飞都不在，刘备正在浇菜，突然许褚、张辽带着十几个人来请刘备，说曹操要见他。

到了曹操府中，曹操大笑着邀请刘备与他吃青梅喝热酒。席间，曹操故意试探刘备的野心，他问刘备当今天下有哪些人算是英雄。刘备列举了当时叱咤风云的一些人物，比如袁术、袁绍、刘表、孙策等人，却不提自己。

曹操微笑着一一否决，刘备问道：“那谁能够称为英雄呢？”曹操用手指刘备，又指自己道：“现今天下的英雄，只有你和我二人罢了！”刘备听到这句话，吃了一惊，手里拿的筷子和勺子都禁不住掉在地上。这时正好大雨倾盆而下，雷声大作。他才从容地低头拿起筷子和勺子说：“因为打雷被吓到了，才会这样。”曹操笑着说：“大丈夫也怕打雷吗？”刘备说：“圣人听到刮风打雷也会变脸色，何况我呢？”就这样，刘备将因听到刚才的话才掉了筷子和勺子的缘故轻轻地掩饰了过去。曹操才不再怀疑他。

之后，刘备脱离曹操，逐步建立了属于自己的丰功伟业。

韬光养晦是夹缝中的求生之道，是在敌强我弱的情况下采取的不得已而对敌示弱、献媚甚至不惜用苦肉计的策略，为的就是麻痹敌人，以求得喘息、发展的空隙。刘备的做法的精髓就是孙子兵法里所说的“能而示之不能”。

急性子总是喜欢表现自己，期待自己能够迅速地站在舞台上成为主角，然而，生活这部剧是非常拼演技的，没有过硬的实力就去演主角只会把整部剧搞砸。正如庄子所说：“水之积也不厚，则其负大舟也无力……风之积也不厚，则其负大翼也无力。”蒲松龄为写《聊斋志异》，在自家的路旁摆茶摊，“见行者过，必强执与语，搜奇说异，随人所知”，坚持了很多年，积累了大量的素材，这才写成了一部伟大的著作。

所以，遇到一时的不如意一定不要气馁急躁，要韬光养晦，并好好利用机会让自己沉淀下来，让自己的能力进一步提高。而且有些时候，韬光养晦也是必须的做法，我们需要低调做事来保全自己，以免树大招风，引来是非之祸。

唐代诗人杜牧有一首《题乌江亭》：“胜负兵家不可期，包羞忍辱是男儿。江东弟子多才俊，卷土重来未可知。”这首诗中，杜牧感慨项羽逞一时之英雄，惜一时之名誉，不能忍辱负重，而自刎乌江，结果失去了东山再起、卷土重来的机会。有时候，只要肯韬光养晦地沉淀自己，卷土重来未必不可期！

1989年，浙江大学数学系高材生史玉柱闯入深圳，一段传奇开始了。

当时，史玉柱的行囊中只有东挪西借的4 000元钱和自己耗费9个月研制的一套桌面排版印刷系统。几天后，他做出了人生中的第一个豪赌决定，他给《计算机世界》打电话，提出要为自己研制的软件登一个8 400元的广告，条件是先登广告后付钱，他以软件版权作抵押。

13天后，他的银行账户里收到了三笔总共15 820元的汇款。两个月后，他赚进了10万元。这是他在商海掘到的人生“第一桶金”。而三年后的1992年，他所创办的巨人公司的年销售额已经达3.6亿元。又过一年，巨人公司一次性就投放了1亿元的广告费进入保健品行业，从而迎来了第二个增长高峰，史玉柱个人也位列《福布斯》大陆富豪第8位。

然而天有不测风云，人有旦夕祸福。1993年，史玉柱一心想要在房地产业大显身手，打算建一座巨人大厦，大厦的计划一改再改，楼层越加越多，最后加成了70层的巨无霸，预算也增加到12亿，史玉柱用卖“楼花”的方式吸引投资，但是他的资金链还是很快断裂了。1997年，巨人大厦停工，购“楼花”者天天上门追要退款，史玉柱从中国首富变成了中国首负，欠债一亿多元。

随后史玉柱表示定会归还欠账，然后默默地移师上海，开展脑白金业务，沉寂了三年时间。2000年，一场铺天盖地的广告轰炸带动了一个新保健品“脑白金”的热销，而其幕后推动者正是史玉柱。史玉柱新公司的营收很快达到10亿元。2001年1月，史玉柱花1亿元巨资收购巨人大厦“楼花”还债，随后又借网游再次赚得盆满钵满，史玉柱熬过了最痛苦的时候，巨人重新站了起来。

有这样一则寓言故事——从前同一座山上有两块相同的石头，三年后发生了截然不同的变化，一块石头被雕成佛像，受到很多人的敬仰和膜拜，而另一块石头却被刻成台阶，受到别人的践踏。那块被践踏的石头极不平衡地说道：“三年前，我们同为一座山上的石头，今天却产生这么大的差距，我的心里好痛苦！”那块被人敬仰和膜拜的石头回答说：“那是因为三年前你害怕刀子割在身上的伤痛，告诉工匠只要简单雕刻一下就可以了。而我那时一心憧憬着未来的模样，不去在乎割在身上的伤痛，所以我们才有了今天截然不同的境遇。”

善于韬光养晦、积极积蓄力量和资本的人，更容易取得飞跃式的进步。所以，我们应该学会沉淀自己，在自己真正做好准备之后，再去舞台上表现自己。

要禁得起职场“冷暴力”

近年来，国内职场跳槽率居高不下，尤其是工作三年以内的职场新人，一年内跳槽多次的现象比比皆是。来自权威机构的研究表明，中国职场人的跳槽率位居全球各国前列。导致高离职率的原因很多，然而，其中有个隐性的原因往往为人们所忽视，那就是——职场“冷暴力”。正是这个幕后黑手，助推着职场上的一桩桩非正常离职事件的频频发生。

职场“冷暴力”像个隐形的杀手，很多时候都发生在无声的行为举止中，然而却让人时刻感到喘不过气的压抑。调查显示，面对“冷暴力”，57%的人感到心理压力巨大，加上工作上的压力更是让人难以负荷，只能做离开的打算；14%的人消极对待，就当混日子，工资领一天算一天；27%的人想改变，但却找不到合适的方法。

钱敏是一家公司销售部的经理，能力突出，做出过很多出色的业绩。如今钱敏已近30岁，她考虑到自己在公司已经站稳脚跟，想把事业先放一放，打算生个孩子。

钱敏如愿以偿怀孕，临产前一个月，她向老板请假。老板爽快地答应了，并让她休完产假，早日回公司挑起重担。

可是没想到，等钱敏生完孩子没多久回到公司后，才发现已物是人非，她的位置早已被自己的下属顶上，她被分配到销售二部做助理。

原来钱敏在做销售部经理的时候，就跟二部的人关系不好，这次跑到人家手下工作，钱敏更是没得到好脸色。很多事情大家都越过她这个助理，而她去沟通工作的时候，大家只要看到她来了就立刻不说话，低头做事，这让钱敏很尴尬。

钱敏寻思着跟经理打好关系。正赶上她陪经理去外地参加一个会议，在外面吃饭的时候钱敏热情地说："经理，我来买单。"谁知经理就像没听到一样，买了一份就自顾自吃了起来。这样的做法让钱敏怒不可遏，她自知在公司已经待不下去了，只好递交了辞呈。

所谓职场"冷暴力"即指上司或群体用非暴力的方式刺激对方，致使一方或多方心灵受到严重伤害的行为。其主要体现是让人长期饱受讥讽、漠视等刺激，甚至想停止日常工作，使人在心理上感到压抑、郁闷。

据统计，上司身上产生职业"冷暴力"的概率竟然高达75%。例如，"得罪"了老板，随后被冷落，本该你做的工作，老板安排其他人去做，把你"晾"得压抑而沉闷；或是与部门主管发生矛盾后，主管成心给你安排8小时内做不完的工作量，使你忙得喘不过气来；或者拼命工作，然而升职、加薪总是轮不到你……

面对职场"冷暴力"，愤然辞职不是一个最好的选择，因为如果你对职场冷暴力束手无策的话，那么你去另一家公司也很有可能面对职场冷暴力，难道每一次都要辞职吗？面对职场冷暴力要有耐心和决心，唯有把工作做得出色才能化解这种冷暴力，退一步说即便是你真的对公司心生厌恶，当你的工作非常出色时你跳槽后也会获得更高的薪水和职位。

除了某些特定的领导变动，一般的职场"冷暴力"往往是针对强者的。因为你强，才会招致同事嫉妒，因此遭遇不动声色的联合抵制；因为你强，才会让上级心存忌惮，因此遭受有所图谋的挟制和冷遇。在这种情况下，要想跳出受人摆布的境地，只有两种方法：一是让自己变得更强，强到就算遭遇到别人的冷暴力也无法阻挡你前进的步伐。二是学会站队的艺术，选择与能够帮助自己的同事和上司站在一起，找到适合自己的位置才能立于不败之地。

石余东的专业是广告学，他毕业后在一家小有名气的广告公司任职。不久后，他发现这家公司里内部竞争很激烈，很多员工背地里勾心斗角，但是石余东不以为然，他觉得自己名校毕业，为人正直，从不拉帮结派，工作努力认真，再说身正不怕影子斜，自己做好工作就行了。

可是石余东有些内向，有想法不爱表达，更不会奉承领导，再加上他常常自动加班，经常搞得同事很不开心，同事们背地里都说："装什么装！下了班还不走，加班给领导看？"石余东很无奈，自己努力工作难道还有错了？同事们逐渐开始疏远他，各自忙各自的事情，有聚会也不叫石余东，上司对他也不冷不热，重要的事更不交给他办。石余东觉得自己被穿小鞋了，他越想越憋屈，几个月后就辞职了。

对于刚入职的新人来说，常会抱怨主管给自己分配的工作技术含量低，公司里的前辈不把自己放在眼里，汇报工作时上司态度不冷不热不置可否，并将之简单归结为职场"冷暴力"。其实这是不客观的，很多时候，让你做小事是为了奠定做大事的基础，不把你放在眼里是因为你什么都不会。你一个新人能有多少工作经验？有几个新人刚工作就被安排重任的？而且领导的不冷不热有可能只是他很忙而已。况且公司招聘的新人不止你一个，谁也犯不上对其中一个新人格外重视，大家都是一视同仁，能否脱颖而出还是要靠你自己的努力。在这种情况下，与其抱怨遭遇职场"冷暴力"，不如以开放性的心态加强人际沟通和学习，努力提高自身能力和素养，尽快赢得别人的尊重和认可。

薪水微薄别气馁，未来更重要

当职场新人遭遇薪水微薄的境遇时，急性子的人就很容易忍不住跳槽，总觉得是公司眼光低，不重视自己。还有的更干脆，对工作挑肥拣瘦的，既要轻松容易，又要薪水颇高的工作，对薪水低的工作根本就没用正眼瞧过。其实对我们来说，职场未来才是最重要的，我们不能因为薪水低就牺牲了自己的职场未来。

王安然大学毕业的学校不是很出名，他专业学的是计算机，找了好久才找到一份软件开发的工作。

公司给王安然的承诺是底薪3 000元，加上各种奖金、补贴、提成还能再给三千。工作了两个月后，王安然发现情况并没有像公司承诺的那样，他单月只拿到了不到四千块的薪水，这让他很不满，又不敢跟上司反映。

王安然越想越气，觉得公司对自己这么无视，那自己也没劲头做了。于是，他每天开始“忙里偷闲”，要么迟到个十分钟，要么上班的时候看看新闻、发发呆，工作也做得马马虎虎。王安然很得意，觉得自己跟公司“扯平”了。

又过了两个月，王安然的工资依然没有起色，他也不在乎了，觉得自己这样每天“游山玩水”，还是蛮悠闲的，可是眼见着跟自己同时入职的新人薪水都提高了，职位也都提高了，王安然又不平衡了：公司老板真是没有眼光，给他打工真是浪费生命。

一个月后，王安然如愿以偿地离开了公司，因为他接到了公司的解聘通知。

对于职场新人来说，找工作应先找自己感兴趣的，然后才看薪水。有很多现在出色的CEO早年工作的时候都拿着可怜的薪水，但是他们比谁都开心，因为他们自己真的喜欢这份工作，薪水多少是无所谓的。

反观很多急性子，找工作先挑薪水，做什么工作倒显得无所谓，一旦薪水少了就很不开心，加上工作也不喜欢，就想着跳槽。

不要为薪水而工作，因为薪水只是工作的一种报偿方式，虽然是最直接的一种，但也是最短视的。一个人如果只为薪水而工作，没有更高尚的目标，受害最深的不是别人，而是他自己。

为薪水而工作，看起来目的明确，但是往往容易被短期利益蒙蔽了心智，使人们看不清未来发展的道路。而那些不满于薪水低而对工作敷衍了事的人，固然对老板的事业造成了一定的损害，但是长此以往，无异于使自己的生命枯萎，将自己的希望断送，一生只能做一个庸庸碌碌、心胸狭隘的懦夫。他们埋没了自己的才能，湮灭了自己的创造力。

因此，面对微薄的薪水，你应当懂得，雇主支付给你的工作报酬固然是金钱，但你在工作中给予自己的报酬，乃是珍贵的经验、良好的训练、才能的提升、品格的塑造和为他人及社会奉献的喜悦感。这些东西与金钱相比，其价值要高出千万倍。

职场是一个长期规划，短期的薪水微薄其实没什么，并且再微薄又能有多低？很多人工资并不低，只是你心里的要求太高。

一位纽约的百万富翁在回顾自己的成功之路时感慨万千。当年，他在一家百货公司的薪水最初只有每周七美元零五十美分。刚到公司的时候，他和公司签订了五年的劳动合同，约定这五年内薪水保持不变。但他暗下决心：绝不满足于每周七美元零五十美分的薪水，绝不能因此不思进取。他一定要让老板们知道，他绝不比公司中的任何一个人逊色，他是最优秀的人。

慢慢地，他的工作效率逐渐成为全公司最高的人，几乎是一个人干了三个人的活儿，他自己也逐渐被公司领导重视，开始对他委以重任。两年之后，他已经在公司里占据了举足轻重的地位，甚至另一家公司愿意以三千美元的年薪聘用他。然而，他从来没跟公司开口涨薪，但是公司却每年给他提高薪水，直到每年一万美金。这笔钱成了他日后创业的资本。

不要只为薪水工作。美国通用电器前首席执行长杰克·韦尔奇说过这样一段话："我的员工中最可悲也最可怜的一种人，就是那些只想获得薪水，而对其他一无所知的人。"年轻人若因为薪水微薄就消极怠工、随意跳槽，实际上是在毁掉自己的职业生涯。

只为薪水而工作是一种自我设限。一旦你把工作和薪水挂钩，那么你的收入、能力、未来就限定于此了，此时的你每天想的都是这些：我一个月收入1 000元，每天我只为33.33元而工作，那么多一点工作我也不想做，因为我的收入就这些。为什么不反过来想想呢？我现在能做2 000元甚至更高收入的工作，虽然我现在收入只有1 000元，但只要我不断努力，不断付出，我一定会在不远的将来，收入达到2 000元的。有这种积极的心态，2 000元收入的工作或是更好的工作，还会远吗？

在人生的最低谷，也不放弃努力

谁都有跌进最低谷的时候。低谷的危险性在于很多人因此意志消沉，放弃努力，而那些能够从低谷中爬出来的人，往往都是那些能够耐住性子、有着超乎常人的耐心和决心的人。很多名人、企业家都是从低谷中走出来的，没有人会一直一马平川，所以要想成功，平凡的你我更要有战胜低谷的耐心和决心。

1976年，苹果公司成立，1977年苹果电脑公司推出划时代的Apple II电脑，苹果公司的电脑和系统越来越受欢迎。

1980年，《华尔街日报》的全页广告写着“苹果电脑就是21世纪人类的自行车”，并登有乔布斯的巨幅照片。1980年12月12日，苹果公司股票公开上市，苹果公司高层产生了4名亿万富翁和40名以上的百万富翁。从1976年初的创业，只有1 300美元起家，经过不到5年，“苹果”发展成拥有1 000多名职工、市值达数十亿美元的大型电脑公司，这不能不说是个奇迹。而乔布斯年仅25岁，就跻身于亿万富翁行列，更可谓是奇迹中的奇迹。

但是，由于乔布斯的个人性格尖锐，他与管理层格格不入，最终被人“踢”出自己的公司。乔布斯说：“在最初的几个月里，我真是不知道该做些什么。我把从前的创业激情给丢了，我觉得自己让与我一同创业的人都很沮丧。我同Dave Packard（惠普创始人之一）和Robert Noyce（英特尔创始人之一）见面，并试图向他们道歉。我把事情弄得糟糕透顶了。但是我渐渐发现了曙光，我仍然喜爱我从事的这些东西。苹果公司发生的这些事情丝毫没有改变这些，一点也没有。我被驱逐了，但是我仍然钟爱它。所以我决定从头再来。”

乔布斯创办了NeXT Computer公司，虽然NeXT在硬件设计上并没有什么过人之处，但是其软件却在计算机行业当中一鸣惊人，最终驱使苹果在1997年收购了NeXT，并且请回了乔布斯。

当初在NeXT公司的技术，也最终也演变成苹果今天的Mac OSX和iOS两大操作系统的核心基础。

巴顿将军曾经说过：“衡量一个人成功的标志，不是看他登到顶峰的高度，而是看他跌到低谷的反弹力。”在低谷逆境中，最能考验一个人的毅力和耐心，稍有意志不坚就会被困境吓怕，放弃努力。著名作家二月河曾经说过，人生好比一口大锅，当你在锅底的时候，无论走哪个方向，都是向上的。从这个角度上来说，既然已经身处低谷了，那就更没有什么可怕的了，只需要沉淀下来，做好自己该做的事情，继续努力不放弃，是完全可以走出低谷的。

“舜发于畎亩之中，傅说举于版筑之间，胶鬲举于鱼盐之中，管夷吾举于士，孙叔敖举于海，百里奚举于市。”没有哪一个人可以一步登天的，都必须经历重重挫折磨难，然后把自己的才能越磨越亮，直到完全被激发出来。

当我们经历磨难坎坷时，不要白白地流血流汗，要让这血和汗流得有价值。也就是说要在这一过程中成长起来，把自己的能力提升上去，并且学会总结经验，用最好的心态面对一切坎坷曲折，这样才能坚持下去。苏轼被贬黄州第三年，在野外遭遇一场急雨，由此想到半生之起伏，苏轼笑道：“莫听穿林打叶声，何妨吟啸且徐行……回首向来萧瑟处，归去，也无风雨也无晴。”苏轼面对人生起伏之豁达值得敬佩，“一蓑烟雨任平生”更是一种高明的境界。

美国历史上最伟大的总统之一亚伯拉罕·林肯，一生经历坎坷，屡次跌入低谷，但是他都没有放弃，而是咬紧牙关，不断地坚持着，最终成为了一代伟人。

林肯9岁的时候生母就去世了，而他在22岁时开始经商，赔掉了许多钱，又竞选州议员落选。第二年向朋友借钱经商，随即又破产，后来，他用了16年才把债还清。林肯26岁即将结婚，然而未婚妻却去世了，他因为精神崩溃卧床了6个月。

林肯的政治生涯也颇为坎坷：1840年争取成为选举人失败；1843年参加国会大选落选；1848年竞选国会议员没有成功；1854年竞选参议员落选；

1856年争取副总统提名落选，得票数连100张都不到；1858年再度竞选参议员落选。

1860年，林肯51岁，终于成功当选美国总统，并领导了南北战争，废除了黑人奴隶制度，避免了美国的分裂，成为美国历史上最伟大的总统之一。

富兰克林说："坚韧之人，无往而不利。"性格坚韧的人是勇敢的，是伟大的，别人也会信任坚韧的人；相反，那些做事缺乏韧性和耐心的人，没有人愿意信任他，因为大家都知道他做事不可靠，随时都可能会面临失败。所以，让我们做一个性格坚韧、极具耐力的人，熬过一切苦难吧！熬过去就是海阔天空。

火候不到沉下心，不急不躁去前进

人生在世，无论志气、勇气、才气抑或傲气都要沉住，这是一个人事业的开始，更是成熟的标志。不论在什么时代，要想成就一番事业，都应沉下心来，老老实实做人，踏踏实实做事，才能十年磨一剑，更上一层楼。

2006年，天涯社区上有一篇爆红的连载贴，这就是轰动网络、创造奇迹的《明朝那些事儿》，一夜之间，人们认识了这个名不见经传的作者——当年明月。

当年明月本名石悦，他从小就是个很普通的人，出生在平凡百姓家，性格偏内向；从上学以后成绩一直都是不好也不坏，没有任何特长，一直被老师、同学视为资质平庸、未来平平的男孩儿。

石悦唯一与众不同的，就是对历史的痴迷。他从小就阅读史书，无论是严谨的史书，还是戏说的演义，他都爱看，他将自己的课余时间全都交给了史书。只要一有空，他就会一头扎进图书馆，如饥似渴地阅读着一本又一本厚厚的历史丛书。

大学毕业后，石悦考取了公务员。他跟别的80后不同，他几乎没有什么娱乐活动，每天下班回家后就开始看书，不停地看和整理，随后就把它们贴到了天涯上，没想到迅速爆红，点击率每个月都过百万，就此诞生了《明朝那些事儿》这套书。

当很多出版商赶赴石悦的单位争相要和他签订出版合同时，大家方才发觉这个平时毫不起眼的青年就是目前网络中鼎鼎大名的当红作家“当年明月”。后来，有媒体记者向石悦讨教成功经验时，他调侃地说道：“比我有才华的人，没有我努力；比我努力的人，没有我有才华；既比我有才华、又比我努力的人，没有我能熬！”

当年明月的爆红看似偶然，实际上也是经历了十多年的沉淀，没有这些沉淀也不会在三年内连续出版七本图书，并且质量又那么高。新东方创始人俞敏洪说：“伟大是熬出来的。别人需要五年做的事，我做十年；别人做十年的事，我做二十年。坚持下来，即便不成功，也尽力无悔了。”石悦的成功确实是熬出来的，正因为他二十年如一日地潜心“煎熬”，才会换来今天的辉煌成就。

古人云：“君子藏器于身，待时而动。”关键就在于有等待的耐心，心浮气躁、急于求成是做不好事情的，我们所看到的所有的“一夜爆红”，都有这些人背后多年的汗水和艰辛。即使你觉得自己很有才华，也需要时间的打磨，不可随意夸耀而不知收敛，要懂得“藏锋不露，隐器于身，待时而动”。

美国著名作家马克·吐温曾接到一封这样的来信：“我刚刚走出校门，想到美国西部当一名新闻记者。无奈人地生疏，不知马克·吐温先生能否帮忙，替我推荐一份工作？”马克·吐温看完信后，沉思片刻，然后写了一封回信：“要想实现这个梦想，你必须分三个步骤：第一步，向报社提出不需要薪水，只是想找到一份工作锻炼自己；第二步，到任后努力去干，默默地做出成绩，然后再提出自己的要求；第三步，一旦成为有经验的业内人士，自然会有更好的职位等着你。”

英国有这么一个人，他在中学毕业后，就开始了艰难的谋生和创作生涯，可是他颇为不顺，一直到30岁的时候都还默默无闻，收到了将近百封的退稿信。可贵的是这个人没有气馁，他在图书馆驻扎下来，白天在图书馆进修，晚上继续创作，一直刻苦地努力着。在1892年到1950年近60年间，他创作了52个剧本，才开始逐渐被社会认可。

他的戏也越来越受欢迎，媒体也开始不惜溢美之词赞美他。之后他凭借一部《人与超人》奠定了他“西欧戏剧大师”的地位。60岁之后更是取得了更大的荣誉，他写出了《伤心之家》《千岁人》《圣女贞德》这些名作。他就是继莎士比亚之后英国最杰出的戏剧家、诺贝尔奖获得者萧伯纳。

沉住气做人，沉下心做事，耐得住性子，文火慢炖，有些时候我们尚不成功、尚不出名，不要着急，只是因为火候还未到，放平心态，继续努力，摆脱“冲动”“浮躁”“浅尝辄止”等情绪，摆脱尘世的喧嚣和浮躁，沉心静气，终会迎来自己绽放的那一天。

章 8

耐住性子，人际关系需要“精耕细作”

不急不急，“增值”自己就是积累人脉

比尔·盖茨说过：“利用一切关系成就辉煌。”的确，多交朋友，少树敌人，这对每个人来说都是有意义的忠告。某些急性子的人对于人脉的累积抱着焦急的心态，企图在大学时，或者在刚进一个公司时就迅速积累一个庞大的人脉圈，事实上这是不可能的，人脉跟其他事情一样，都不可能一蹴而就，它需要你用长时间积累，才能被成功打造。

唐思成今年刚大学毕业，是一个心气很足的人，想要在几年之内就做出一番事业，所以他拿出了百倍的劲头对待工作，格外认真和勤奋，把工作做得十分出色，并且他还积极跟同事、上司搞好关系，没事就请同事吃饭，有时候也说两句老板的好话，所以唐思成在公司里很受欢迎。

一年之后，唐思成辞职创业，但缺少启动资金，他还想在公司里拉几个要好的同事跟他一起合伙创业，却没想到遇到了挫折。同事们都不肯借钱给他，最要好的也只能借他一千块，更别说有人肯辞职一起创业了。

唐思成就纳闷了，平时在公司里关系都特别好，怎么自己辞职后他们都翻脸了呢？后来一个长辈告诉他，不是同事们翻脸了，而是本来感情基础也不深，自主创业又是一件风险很大的事，没有人这么冲动就是了，况且人脉要慢慢发展，不能急于一时，做好了早晚能够用得到。

对人脉关系的积累，不能有临时抱佛脚的想法，而必须注重平时的积累。平时多主动与外界沟通，要有信息敏感度，广泛收集有价值的信息，以积累更多的社会资源。

人脉确实重要，但不能刻意地去寻找人脉。人际关系的积累不是一蹴而就的事情，而是一个渐进积累的过程。人际关系的积累是一种付出，就像你在银行的零存整取一样，只有平时勤积累，你才能在需要的时候拿出来用。

人脉的最高境界就是互利，所以，建立人脉的最关键之处就在于让自己变得有价值。我们都希望认识的人都是人才，从对方的角度来说也是同样的，对方也不想结识一个毫无用处、一无所成的人，所以为了增加人脉的成功率，我们有必要先提升自己的能力，当能力足够强大的时候，人脉自然就会主动前来了。

人脉是一个圈子，有人说你跟什么人在一起，就决定了你会成为什么样的人。如果我们想有所成就，那么就要先提高自己，如此人脉自然而来。简单地说，你从普通大学毕业，积累的都是普通大学的人脉，这跟从哈佛大学毕业的人积累的人脉是有差距的。

《胡雪岩》里有一句话：“一切都是假的，靠自己才是真的。人缘也是靠自己。自己是个半吊子，哪里来的朋友？”我们自己的价值是决定我们的人脉是否广泛的基础，只有提高了自己能帮助别人的能力，别人才会愿意跟我们交往。所以，这就要求我们在平时，多学习，多积累，让自身的能力和见识不断提高。

万兰斌是一位青年演员，英俊潇洒，很有天赋，演技也很好，刚刚在电视上崭露头角。为了进一步增加自己的知名度，他非常需要一个公共关系公司为他在各种报刊上刊登他的照片及有关他的文章，但是他没有钱，也没有机会。

后来，经朋友介绍，他认识了吴美瑾，吴美瑾曾经在国外的某家大娱乐公司工作过，有非常广的人脉，她正在经营着自己的一家公关公司，不过大明星、大歌手都不愿意跟这家小公司合作的。所以，万兰斌跟吴美瑾一拍即合，两人联手，吴美瑾给万兰斌打知名度，而接着万兰斌的声望越来越高，吴美瑾的公司也开始接到更多艺人的签约，两个人的合作可以说是双赢。

谁不希望结识那些能力强的人呢？当然，朋友之间的关系不是索取和奉献，而是彼此互求互助。如果你需要建立一个强大的人脉，那么就需要让自己身上有对别人有用的价值，所以建立人脉的时候是不能急的，如果着急去盲目建立人脉，只会认识一堆不牢靠的人，需要帮忙的时候谁也帮不上，徒劳而无用。所以，努力增值自己吧！不要着急，要做好打持久战的准备。

像经营百年老店一样慢炼“人品”

美国教授斯蒂芬·罗宾斯在其撰写的经典MBA教材《组织行为学》中指出，一个典型的首席执行官的时间分配中，至少25%该用于人际交往，而社交型CEO在人际上花的时间可能更多。但是要注意的是，如果你想在朋友圈中有一个很高的声望，让大家都知道你有很好的人品，信任你，愿意与你交往，这需要一个漫长的过程。就像经营一个百年老店，百年的口碑流传会让人们去相信这家店，然而很多人都像新店开张一样，想要用包装、宣传让别人认可，虽然在短时间内会有效果，但是树立形象要持续地培养，不能一蹴而就。

朱伟伦新来到一家公司上班，他对公司很满意，打算在此长期发展，所以他上班第一天就提出要请同事们吃饭，结果没有人响应。朱伟伦很纳闷，心想有人请吃饭难道还没有人愿意？

没过多久，赶上端午节假期，假期结束后，朱伟伦带了好几大袋的家乡粽子，开始分发给同事们，这次同事们倒是都收了，不过对朱伟伦还是不冷不淡的。朱伟伦不气馁，继续原来的方法，请吃饭、带礼物、热情帮忙等，他跟同事们的关系好了很多，可是仍有一大部分同事好像在躲着他，不愿跟他接触。

朱伟伦很纳闷，直到一个要好的朋友告诉他：你刚认识就搞这些送礼吃饭的把戏，只会让人觉得你将来会利用他们，他们哪里肯收礼啊！

以朋友交往中的诚信为例，孔子在《论语》中说：“与朋友交，言而有信。”他把“信”视作人与人交往应该遵循的一条基本准则，认为与朋友交往，应该要守诺言，讲信用，以诚相待。孟子讲“五伦”，其中一伦就是“朋友有信”。也就是在与朋友的交往中，应当讲究信用，真诚相待。《吕氏春秋》也论述了交友诚信的重要作用：“交友不信，则离散郁怨，不能相亲。”而且，并不是一次两次的诚信就会树立起一个诚信的形象，这需要我们在每一件事情上都保持着诚信，才能真正让人信服。

有些人是今天认识新朋友，明天忘记老朋友，眼睛里只看着更有钱或有权的新朋友，这会让你的老朋友很心寒，从而跟你断绝往来。我们要对所有的朋友都一视同仁，无论对方是我们的小学同学还是大学同学，抑或是公司里的不熟悉的同事，我们都不能厚此薄彼，这是建立人品的关键所在。有些人喜欢搞区别对待，面对厉害的朋友就热情洋溢，面对普通朋友就爱答不理的，这样的做法只会伤害你的人际关系，会让人觉得你是一个趋炎附势的人。

李嘉诚深谙此道。他对身边的那些社会名流、商界大亨很尊重和热情，但对来访的小记者也不冷语相待，非常尊重，他常常亲自给小记者发自己的名片，而且是双手奉上。从这点上来看，李嘉诚在香港商界饱受好评是不无道理的。

另外，不要觉得某人“用不着”，就不愿意跟对方结交，你永远不知道你的人脉关系会在什么时候给你带来好处或利益。每个人都有着自己的优势和特长，并不是说你认识的某公司高管就能给你很大帮助，而公司里的同事就不会。

乔·吉拉德是著名的销售大王，他所创造的汽车销售最高纪录至今无人打破。早已功成名就的乔·吉拉德不再做销售，而是在全世界各地进行演讲，他每到一处都会引起人们的热烈追捧，每一个人都想跟他学到超凡的推销之术。

有一次，乔·吉拉德被邀请去做一场关于人脉的演讲。乔·吉拉德缓缓走上讲台，他用眼睛扫了扫台下的观众，却不开口说话，而是拉开自己的西装，从衣服兜里掏出了一叠名片，撒向台下的人们，不一会的功夫，他至少撒出了3 000张名片给现场的听众。

全场的气氛一下子热烈起来。扔完名片，乔·吉拉德对着台下的人们大声地说：“各位，这就是我成为世界第一推销员的秘诀，是这些拥有我的名片的人们，是这份庞大的人脉帮我完成了我的销售传奇，我的演讲到此结束。”

人际关系在于礼尚往来，如果不经常走动，就有可能像放风筝那样容易断线。友谊的种子，不但要及时播种，而且还要精耕细作，才能开出鲜艳之花。没事可以东拉西扯聊聊天，过年过节常去看看，人脉就是靠千百次联系维持着，一旦需要，使用起来顺理成章，事半功倍。要学会像经营百年老店一样经营自己的人品，通过长时间的接触，用良好的人品赢得人们的认可，在每一件事上，对待每一个人都像对待自己尊敬的师长一样，用心打造自己的人际关系。

沉下一颗心，善待身边的每一个人

美国著名成功学家戴尔·卡耐基在他的《关爱人》一书中写道：“一个能够从细微处体谅和善待他人的人，一定是一个与人为善的人，必定有很好的人缘关系，这种人缘关系就是他成功的基石。”人际关系的培养是要从小处做起的，人际关系不是请客吃饭，它需要我们善待身边的每一个人，需要长期的培养和长久的耐心，才能真正赢得别人的认可。

王明伟在某公司担任销售经理。他的上司通过很多渠道，才得到了一个跟广州上市大企业副总经理吃饭的机会。王明伟很受公司器重，公司便把这次机会给了王明伟，并给王明伟安排了七八个随行人手，给王明伟处理繁杂事务。这笔生意若谈成了，对王明伟全年的业绩是一个非常大的提升，不但年底会得到丰厚的提成，还可能带给他巨大的升职空间。

王明伟一行人浩浩荡荡地到了广州。其实在王明伟看来，既然已经赢得了跟对方吃饭的机会，那么基本上合同是能够签订的，对方肯定有很大的合作意愿，要不然为何浪费时间吃饭呢？

于是，在酒桌上，王明伟凭借着自己的多年经验，把气氛调动得十分热烈，彼此双方都很高兴，吃完饭基本上就要签合同了。然而就在这时，王明伟的一个手下不小心把杯子碰到了地上，杯子碎了一地，王明伟当场就生气了，吼道："你怎么回事？能不能小心点，伤到人怎么办？"王明伟的手下赶紧道歉。

饭后，一行人走出酒店，准备前往会议室签合同，这时走过来一个乞讨老人，王明伟皱着眉头，很不愉快，觉得自己怎么这么倒霉，就不耐烦道："去去去！上一边去，别挡路！"他这句话刚说出口，对方副总经理说话了："王先生，我们不准备跟您签合同了。您的为人不符合我们企业的合作标准，谢谢您能来广州，现在请回吧！"

王明伟一头雾水，不知道发生了什么，他只知道自己把一单大生意搞砸了。

碧桂园集团的创始人杨国强在中山大学的演讲中这样说道："18年前，我和广东一位政要吃饭，他问我为什么会成功。我说可能是因为我对人好、对社会好。我小时候，爷爷就教我，就算身上只有两块钱，也要请朋友吃饭，不能让朋友请你吃饭。"

孟子说："君子莫大乎与人为善。"其实，与人为善就是善待他人，这是我们每一个人在成功道路上都应当遵守的一种"潜规则"。在如今这样一个充满合作的社会中，更是需要我们能够做到与人为善。我们只有在为人处世的过程中能够善待别人、帮助别人，才能处理好与各种各样的人之间的关系，从而为自己的成功编织起良好的人际网络。

在你与人为善、善待他人的同时，无形中会使别人欠你一份"人情"，而对于你来说，这"人情"就是一笔不可估量的财富。与人为善既是一种爱心的体现，也是一种人生智慧。

俗话说："种善因，得善果。"生活向来如此。当我们看到需要帮助的人时帮助他们一下，那么在我们自己遭遇困难时，通常也能够得到对方善意的帮忙；而伤害他人无异于自掘坟墓，你伤害的人越多，你人生道路上的障碍也就会越多。糟糕的人际关系必然会导致你职场生涯的失败。

李泽很年轻，但是升职速度很快，小小年纪就做了公司的副总。很多人都来祝贺他，说他年少有为，李泽却摇了摇头，说道：“我并不是年少有为，公司里比我有能力的大有人在。如果说我有一点优点的话，我觉得是我对每个人都很好，同事们乐于跟我工作和相处，上司乐意跟我谈话。我工作不是特别出色，但是承蒙大家帮衬，所以总能顺利完成，谁需要帮忙我就帮一帮，说话和颜悦色，不对任何人发脾气，就这么简单。”

与人为善很简单，它并不需要你刻意造作，只要你拥有一颗平常心即可。正如人们所说：良好的人际关系不单单是行动上做出来的，更是从心底里流出来的。在与他人交往时，只要我们以诚待人，用心地去和他人交往，对人多一份理解和宽容，就会获得周围人的帮助和支持，从而走向成功。沉下一颗心，善待身边的每一个人，我们终会获得惊人魅力！

一回生，二回半生不熟：与人交往要慢热

急性子的人在人际交往中并不太懂得“慢热”的道理，跟人刚认识没多久就求对方办事，这其实是很不礼貌的，会让对方产生被利用之感。有人可能会觉得已经在一起吃过两次饭了，让对方办点事没什么的，那么请你换个角度想一下：如果刚吃了几次饭，就有不熟的人找我们办事，我们是不是也会觉得对方很无礼？会不会有被利用了的感觉？

所谓一回生，二回熟，与人交往要慢热。急性子的人在人际交往中往往要吃大亏，你觉得跟某人已经很熟了，于是就做出一些亲密的举动，殊不知其实对方很反感，所以我们不能以自己的标准来衡量别人。

杨宇哲搬了新家，小区环境优美。他的家是一栋小别墅，搬来的那天，邻居正在晒被单，看到了杨宇哲，便打招呼道："新搬来的吗？"杨宇哲回答道："是啊！你好，以后咱们就是邻居了！"邻居笑道："好啊！有什么需要帮忙的地方就直说，我会尽力的！"

杨宇哲刚搬过来的第二天，还真就遇到了问题，他做饭的时候发现没有酱油了，而出去买要走很远的路。杨宇哲只好来敲邻居的门，邻居很惊讶，杨宇哲告诉了邻居来意，邻居表示没问题，借了他一瓶酱油。

又没过多久，杨宇哲要出差一个多月，他养的狗没有人看管，就想起了自己热心肠的邻居，便又去敲门，提出把狗放在邻居家养一个月。邻居的脸迅速就冷了："不行！我们家不养狗的，你找别人吧！"杨宇哲很纳闷，前几天还相处得好好的，怎么突然间就变得这么冷淡了？

明眼人都能看出，杨宇哲的做法太过。杨宇哲明显是一个"自来熟"，他的邻居不过是因为他刚搬新家，客气地打了个招呼，又看在是近邻的面上帮过一些小忙，他就自己感觉跟邻居已经熟识，竟提出让邻居帮忙养狗。实际上杨宇哲并没有考虑过邻居的感受，他并不明白两个人之间其实不熟，提这样的要求实在太过分。

不说刚认识就不能求人办事，刚认识甚至都不能随便说话。急性子的人常常是"祸从口出"，刚一见面就交代了自己所有底细，还不断地打听对方的隐私。俗话说："逢人只说三分话，不可全掏一片心。"在与人交往中，有时你结识了新朋友，即使你对他有一定的好感，但毕竟交情不深，更缺乏深入的了解，实在不宜过早地讲一些掏心窝子的话。

苏轼在《上神宗皇帝书》中说："交浅言深，君子所戒。"孔子也说：

“不得其人而言，谓之失言。”俗话说得好：“害人之心不可有，防人之心不可无。”如果我们连对方都没有彻底弄清楚，就跟其畅所欲言，甚至还把自己的一些重要事件全数抖落，这样是很有风险的，很容易被人利用。所以，我们一定要明白“交浅而言深，既为君子所忌，亦为小人所薄”的道理。

洪小勇跳槽到了一家互联网公司，这家公司薪资待遇不错，环境、氛围也很轻松，而且同事们也都是年轻人，所以沟通起来没什么障碍，总的来说还是非常不错的，洪小勇非常喜欢这里。

一天公司聚餐，洪小勇以及众同事都吃得非常高兴，也喝了一点酒，这时一个女同事提出要先走，因为来了一个男人接她。洪小勇就起哄说：“这是不是你男朋友啊？”女同事连连摇头，说：“吃你的饭吧，我先走了！”

洪小勇不依不饶道：“这才几点啊！着急走干什么去啊，你们说是不是？难道是急着跟男朋友回家吗？哈哈哈！”洪小勇话音未落，女同事突然把包摔到桌上，非常生气地说：“洪小勇，你是不是有病？你给我闭嘴！”说完转身就走了，留下洪小勇目瞪口呆，气氛也变得微妙起来，同事们待了一会儿也都悻悻离去。

很多不适宜的玩笑不要乱开，就连最熟悉的朋友也会接受不了过分的玩笑，更别提那些你自以为熟悉的朋友。自以为很熟就乱开玩笑，不禁会弄得对方很尴尬，难以下台，严重的更会使自己陷入被人孤立、四面楚歌的境地。

在两个人交情不深之时，你的事就是你的事，别人并不会对此有多大的关心，甚至有可能会将你的隐私、重要机密给泄露出去，那么就得不偿失了。一个懂得“世故”的人，绝对不会和初次见面的人就“畅所欲言”，这样的人不是狡猾、不诚实，这正是为人处世最基本的自我防护。某些急性子的人吃过几次饭或见过几次面，就把自己心中的不满情绪全部倾诉给你听。这种人往往认识粗浅，只做普通朋友交往就可以了。

总之，为人处世中，我们一定不要“自来熟”，要懂得把握与人交往的分寸，弄清楚什么该说、什么不该说，不管什么人，用慢热的方法去慢慢熟悉总不会错的。

不要急功近利，平时多去“冷庙烧香”

有这样一个寓言：一只黄蜂找农夫要水喝，它表示可以替农夫看守葡萄园，一旦有人来偷葡萄，它就用毒针去刺他。农夫对它的话并不感兴趣，说：“你没有口渴时，怎么没想到要替我做事呢？”这个寓言告诉我们这样一个道理：平时不注意与人交往，建立关系，等到有求于人时，再提出替人出力，未免太迟了。

有这样一句讽刺临事用人的话：“平时不烧香，临时抱佛脚。”与之相反，还有一句俗话说得好：“平时多烧香，急时有人帮。”真正善于利用关系的人都有长远的眼光，他们总会早做准备，未雨绸缪，这样，在危急时刻总会得到意想不到的帮助。

如果“平时不烧香”，等到需要别人帮助时才“临时抱佛脚”，那么尽管你很急迫，下的力气很大，他人都可能一口回绝你的请求。大家都有这样一个心理：平时爱搭不理的，想找人帮忙时倒想起我来了？没门儿！所以，我们为人处世一定要坚守这样一个原则：不要与朋友失去联络，不要等到需要获得别人帮助时才想到别人。

林立在某局任财务科副科长多年，一直得不到升迁。前不久新调来一位孙副局长，林立把自己所有的前程都放了在孙副局长的身上，他逢年过节就往孙副局长家里跑，还带去了家乡的土特产。

谁知道，林立升官的美梦还没做完，孙副局长就因为所带领的项目账目不清，被停职调查。林立暗道一声“倒霉”，从此对孙副局长不再正眼相看，更别提去拜访了。

反倒是孙副局长的司机一直尽心尽责。孙副局长问司机：“我已经不是副局长了，你怎么还对我这么好？”司机回答说：“在我心里你一直是我的上司，只要您给我开工资，我就一直给您把车开下去。”

没过多久，调查结束了，跟孙副局长没有一点儿关系，加上局长的退休，孙副局长立刻转正，变成了孙局长。林立目瞪口呆，他肠子都悔青了，又跑去孙局长家里，结果这次被拒之门外，随后被孙局长调到了后勤部门做协助工作。

人际交往中没有谁是“有用”或者“无用”之人，所以，千万别掺杂急功近利的心态，也尽量少做“临时抱佛脚”的买卖，而要注意有目标地进行长期的感情投资。要知道，“关系”通常是要花一点儿工夫才能取得的，所以，眼光一定要放长远，因为有许多机遇是在交往中实现的，而在初步交往中，人们很可能没有看到这种机遇，在这个时候，不要因为暂时没有看到交往的价值，就忽视这种交往。

每一位伟大的成功者背后都有多个支持他的成功者，在某些方面有所建树的人就是你所有资源中最大的资源。你要做的就是找到他们，构建有助于你的事业的“关系网”。实际上，你的“关系网”远比你意识到的要广得多。

有句话叫：“无事不登三宝殿。”而我们要做的就是没事就“登登三宝殿”，多走动，多交往，这才是正确的人际交往。有些急性子的人特别急功近利，朋友很多，但是也都不联系，只在有事的时候才突然出现，试问面对这种情况，又有谁会帮他呢？

《纽约时报》记者问克林顿是如何保持自己的政治关系网的，克林顿说："每天晚上睡觉前，我都会在一张卡片上列出我当天联系的每一个人，注明重要细节、时间、会晤地点以及与此相关的一些信息，然后输入秘书为我建立的关系网数据库中。这些年来，朋友们给了我不少帮助。"

某电器公司的老总多年来一直被评选为最佳雇主，每一个职员都非常尊敬他，渴望为他打工。这就要说到这位老总的待人之道——他对老员工尊重，对年轻员工也同样热情相待。每一次招聘后，这位老总都要把新员工的学历、人际关系、工作能力和业绩做一次全面的调查和了解，当他认为这个人大有作为，以后会成为该公司的要员时，不管这个人有多年轻，他都尽心款待。

这常常让那些底层员工受宠若惊，知道自己受到公司老总的另眼相待，他们自然而然地就对公司产生了感恩图报的意识。

而且这位老总还常常在公司聚会上说："咱们公司能有如此业绩，全都是靠你们这些优秀的员工，所以让我敬大家一杯！"这更加让员工感激涕零，觉得自己被重视、被尊重，也更加坚定了为公司努力工作的决心。

对于人际关系的建立，以及如何有效地保持联系，我们可以从以下三点努力。

1.建立有效的联系方式。

邮箱、微信群号、QQ群号、手机号等联系方式都要记住，逢年过节的时候我们未必能挨个儿打电话祝贺，但是用短信、微信来个小小的祝贺未尝不可。当然了，切忌用复制的短信群发，这种东西一下子就能够看出来，除了让人感到敷衍和厌烦，没有任何的实际意义。

2.有规律地拜访。

法国有一本名叫《小政治家必备》的书，书中教导那些有心在仕途上有所作为的人：必须起码收集20个将来最有可能做总理的人的资料，并把它背得滚瓜烂熟，然后有规律地去拜访这些人，和他们保持较好的朋友关系，这样，当这些人中的任何一个人当上总理后，自然会为你的仕途开出一条坦途。“有规律地拜访”自然是指逢年过节的时候，可以带一些精致、用心的小礼物上门叙旧，对于熟悉的人也可以叫出来吃个饭、聊聊天，这些都是能够有效地将友谊保持下去的方法。

3.记下别人的兴趣喜好。

这一点很重要，当你记下别人的兴趣喜好并脱口而出时，对方会有种被重视感。比如，某人在某酒会上认识了一位老总，聊了很长时间，几个月后再次遇到这位老总，他热情地招呼道：“嗨！刘总，还记得我吗？来这边吧，这边有你喜欢的油画。”老总很惊讶也很高兴，没想到这个人还记得自己喜欢油画，对他的态度明显就更好了。

当我们参加了一个活动后，可以记录下在活动中结交的某某人的有关情况：姓名、工作、爱好之类。这样，下次见面，简简单单的一声问候，关心、在乎、被重视感，就无一不在其中了。

人际关系的经营，切忌急功近利，要一点一滴地积累，时时刻刻与人保持着良好的沟通，就能够不断地赢得对方的信赖，从而使我们的人际关系越来越牢靠。

细水长流，不要随意透支人情

人只要互相接触就会涉及情分，这情分也就是人情。用人情办事是很便利的，但是人情是有限的，好像银行存款一样，你存得越多，可领出来的钱就越多，存得越少，可领出来的钱当然就越少。若和别人只是泛泛之交，你能让他帮的忙就很有限，因为他没有义务和责任帮你大忙，你也不可能一次又一次地要他帮忙，否则，这就是人情的透支了。所以，对于人情请谨慎使用，以免人情存款被提早取光。

程紫媛是个医生，在国内某家著名医院上班。因为孩子需要转学，程紫媛便千方百计地找到教委的一个同学，两个人曾经在初中是同班，关系还算可以。程紫媛带着礼物去找这位同学时，同学很热心地表示可以帮助她，但是不会要这些礼物。最后，程紫媛的孩子顺利转学了，可是程紫媛的麻烦也来了。

那位同学多次带着亲友来医院找程紫媛帮忙，比如想免挂号看病，这让程紫媛很头疼，但是又没办法驳人家的面子，毕竟人家刚刚给自己的孩子办了转学。可是这个同学后来变本加厉，什么半价CT、高价病房低价等，这些要求让程紫媛很为难，她只是个医生，又不是院长，何况院长也不能有这样的特权。程紫媛拒绝对方，对方反而说道：“你求我办事的时候，我那么痛快，现在我有麻烦你却不帮我，真是过河拆桥。”

无奈的程紫媛只好逐渐疏远这位同学，直到再也不来往。

依靠人情办事是有一定限度的，透支了反而令人很尴尬。同样，人情储蓄也不能即存即支。如果你急于在这笔人情账中得到回报，那么就会犯人情世故的大忌，你也会丢掉人情，丢掉面子，也丢掉做人的本分和进退的分寸。

很多时候，人情是你通过帮别人忙和给别人办事而获得的。帮过别人的忙，别人就欠下了你的人情，帮助别人越多，别人欠你的人情就越多。但获得人情也不是很容易的事情，凭借三天两头的功夫，是得不到人情的垂青的。

在银行里存入的钱不可透支，同样人情也不可透支。你支取得多了，超过了你存入的数额，你就犯规了，不但不会再有人情供你支取，别人还会认为你不近人情。

所以，当我们有别人的人情在手时，不要一味地乱用，好钢要用在刀刃上，至关重要的朋友关系要留在关键的时候再用。不要虚掷他们的善意，将彼此的关系浪费在一些无关紧要的事上。如果你动辄就求人帮你的忙，你就会慢慢变成一个不受欢迎的人。具体可从以下几点出发。

1.尽量把人情用在刀刃上。要明白什么样的人情办什么样的事，既不能让大人情办小事，也不能让小人情办大事。更要清楚对方跟自己的交情有多深，以及是否适合找对方帮忙，这些都要考虑清楚了，才能够进行人情往来。

2.做好估算。每一个人的人情都是有限的，用一点就少一点，所以我们要做好人情的估算，避免人情透支，这就跟打牌一样，既要占据主动，又要留有底牌，不让对方压过自己。

3.人情储蓄不能即存即支。如果在人情问题上急性子，那么很可能得不偿失，每个人都需要一段时间适应，人情也需要长时间培养才能变得牢靠，等人情像苹果一样成熟后，这个时候再“取”才是最合适的。

4.不要让对方还人情债。在生活中，常有人会说这样的话：“我曾经帮过你……你现在就要帮我。”这句话我们永远都不要说出口，因为这种话会给对方很大的压力，一般都会撕破脸皮。对方不帮就罢手，千万不要抱着让对方还人情债的心态，人情这种东西要双方情愿才行，否则只会破坏关系。

5.对于一些斤斤计较的人要特别注意。我们是很难跟斤斤计较的人讲道理的，所以轻易不要找此类人帮忙，因为一旦欠下他们的人情债，可能会需要我们用很大的精力去偿还。

6. 注重长线投资。前面说过了，不断地支取人情会让人情透支，所以，我们不能不管不顾地总要别人帮忙，要学会回馈别人，自己也去帮助别人，往人情银行里“存钱”，这样就不会出现透支的情况了。另外，人与人之间的理解与信赖需要一个过程，人情就像一棵树，需要慢慢成长，我们不能在它还是树苗的时候就砍了它，要让它长成参天大树，持续地给我们带来价值。

经常联系，友谊之树才能长青

除去最亲密的家人，好朋友绝对是我们在社会上的重要支持，不过很多人正是跟好朋友太熟悉了，便很随意，觉得没必要像其他人际关系那样苦心经营，用不着经常联系。这是一种认识上的误区。

不经常保持联系，只会让好朋友间的关系渐行渐远、逐渐淡化，终至于无，最后，最初的好友变成了最终的陌路人。想想当初由陌生人成为好朋友的不易，我们真不应该让这种关系逆行。其实，好朋友间只需要有事没事经常保持联系，友谊之花便可长开。

邹群去参加同学聚会，期间见到了许多好久不见的高中同学，大家一起回忆了往事，兴致很高，分别时彼此也都交换了联系方式，还嘱咐道：“常联系。”

邹群回来后，又开始了工作，某天他想起了这班同学，打开通讯录想聊聊天，可是又不知道该说什么，便放下了手机，把这事儿搁到了一边。过了挺长时间之后，邹群突然遇到了点麻烦，急需五万块钱周转，他东挪西借，还差一万块，最后电话打到了高中同学那里。

同学的语气很诧异，问道：“啊，邹群啊，你有什么事吗？”邹群听到这种陌生的问话方式就知道借钱不太可能了，不过他还是硬着头皮问能不能借五千块。

果然，同学不出所料地说道：“嘿！咱们谁跟谁啊！至于这么吞吞吐吐的吗！但是太不巧了，我的钱上周刚借出去，下周我自己都周转不开了，要是知道你有这事我就先借给你了，太不巧了啊！”

邹群道了谢，挂断了电话。他打电话的这位同学上学的时候跟他关系特别好，为人也仗义，这些年生意做得不错，不至于五千块都拿不出来，邹群想不明白：好好的同学感情，怎么就变淡了呢？

时间会改变一切，不要让时间腐蚀了你们的友谊。有人说：“真正的友谊是不需要常联系的，即使相隔多久，都能够聊得来。”不可否认的是这种情况是存在的，但是在大量的现实案例面前，曾经很亲密、很聊得来的朋友，如果长时间不见面、不联系，再次见面时就会生出一种“尴尬”的氛围，会突然间“不知道聊什么”，这让人唏嘘不已。不过细想一下，这很可能是你从不主动联系对方造成的。

如上文案例，当有一天你打电话给你的挚友，他开口问你：“有什么事吗？”你心里就应该明白，你们的感情已经变淡了，已经变成了没事不说话，有事才联系的普通关系。如果你秉承着这种交友方式，那么将会失去很多曾经真挚的友情，还会让你得不到新的友情。

忙不是不联系的借口，再忙也不至于连吃顿饭的时间都没有，如果你与好朋友在同一座城市，不妨在下班后或节假日时小聚一把，吃吃饭、聊聊天、叙叙旧、诉诉苦，这不但可以给你的心灵一个停泊的港湾，还能加深彼此的感情。

对于关系较远的朋友，我们也可以给对方打打电话联系一下感情。对于普通朋友，在节假日发个贺卡、发个短信，就可以保持关系，让对方不至于遗忘我们，让对方感受到我们对他们的重视。但是对于关系要好的朋友，可以称得上友情的那种，尽量不要发短信、微信，应该打电话，让对方听听你的声音会让你显得更亲切一些。

张春颖和林红上大学时是同班同学，而且住一个宿舍，每天形影不离，关系好得像一个人似的。四年之后大学毕业，张春颖去了广州，而林红则去了北京，两个人相隔甚远，再加之工作忙碌，她们之间的联系渐渐少了，张春颖只是偶尔给林红打一个电话问候一声。

后来，由于工作越来越忙，有时候好几个月张春颖都想不起来给林红打一个电话。再后来，张春颖结婚后，给林红打电话，林红却没时间跑到广州参加婚礼，两人在电话里唏嘘一番就挂掉了。

从此以后，她们的联系几乎中断了，虽然张春颖有时候也想给林红打个电话，可是好久不见要说什么呢？张春颖也不知道林红经历了什么，或许是她在潜意识里已经不想重拾这段友情。

就这样，张春颖和林红之间彻底中断了联系。

老话说：“君子之交淡如水。”淡如水的关系就是彼此放在心上，而不是天天腻在一起，然后在关键时刻对方能够挺身而出，但我们也不要因为长时间不联系让友谊干涸。其实，朋友是不需要天天联系的，但每隔一段时间，你可以主动地请朋友聚聚，保持适度的联系是维系感情的一种方式。真正的朋友是即使很久没联系，默契和感情依然不变的；但是主动联系、主动关心，那是我们对朋友的真诚的爱。朋友也是我们情感上的重要支柱，切勿因彼此的不常联系而让这段友情之路寸步难行。

友情像一朵花，需要时时浇灌，否则就会枯萎。即使不常见面，一个电话、一条短信也可以让朋友知道你的挂念。

章 9

耐住性子，

静下心来智慧才能生长

静下来，才能找到那块遗失的手表

唐代大诗人白居易很喜欢“静心”这种境界，《酬裴相公见寄二绝》之一写道：“习静心方泰，劳生事渐稀。可怜安稳地，舍此欲何归。”他也在《对镜》一诗写出“退为闲叟”时的真实感受：“静中得味何须道，稳处安身更莫疑。”也可见静心在古代文人的心中是多么被推崇。

静心被人们推崇是有原因的。心神平静下来你才会聆听到细小的声音，你才会看得见微妙的事物，你才能品味到真正的人生，这就是静心，它能让你更好地去感受生活。

从前有位地主巡视谷仓时，不慎将一只名表遗失，因遍寻不获，便定下赏金，要农场上的小孩帮忙寻找，谁能找到手表，就给谁500元奖金。众小孩在重赏之下，无不卖力搜寻，奈何谷仓内到处都是成堆的谷粒和稻草，大家忙到太阳下山仍一无所获，结果一个接着一个都放弃了。

只有一个家里特别贫困的小孩，为了那笔巨额奖金，仍不死心地寻找。当天色渐黑，众人离去，一切都静下来之后，他突然听到一个奇怪的声音，那声音“嘀嗒，嘀嗒”不停地响着。小孩立刻停下所有的动作，谷仓内更安静了，“嘀嗒”声也更清晰。小孩循着声音，终于在诺大漆黑的谷仓中找到了那只名贵的手表。

沉静下来，清晰思考，你才能看出自己所受到的干扰；耐不住性子，只会让你被情感左右，从而影响判断，难以找出所想所要的答案。所以，无论做什么事都要静下心来，工作时要静心，才能专心致志；吃饭时要静心，才能细嚼慢咽；睡觉时要静心，才能不致失眠。

庄子说："圣人之心静乎！天地之鉴也，万物之镜也。"是说一个人的心静了，就可以照见天地，照见世间万物。《老子·道德经》有言："万物芸芸，各复归根，归根曰静，静曰复命。"只有静下心来，才能把事情做好。所以，从现在开始，剔除急躁的情绪，静下心来，慢慢地想，慢慢地思考，想好了再去做，才能避免留有更多的遗憾。

几个老矿工终日在极深的坑道中工作。一天，矿灯突然熄灭了，他们顿时惊惶失措，开始慌乱地寻找出路。就这样一阵摸索后，几个人走得精疲力竭，只好坐下来休息。

大家谁也不说话，空气中是令人窒息的恐惧，好像死亡即将来临。还有一些人根本坐不住，烦躁地来回走动着。

这时，一个平时处事冷静的老矿工开口说话了："与其这样盲目乱找，不如坐在这里，看看是否能感觉到风的流动，因为风一定是从坑口吹来的。"

大家听了他的话似乎看到了希望，就都静静地坐了下来。刚开始没有一点感觉，可是一段时间过后，他们的心思开始变得敏锐，也逐渐感受到阵阵微弱的风轻抚在脸上。于是，他们顺着风的来处，终于找到了出路。

陶渊明也曾用诗的语言描述了一种美妙的静态："结庐在人境，而无车马喧。问君何能尔？心远地自偏。"宁静就是排除各种干扰，远离喧闹，保持一颗平常、平静的心。

然而，宁静是一种高超的境界，拥有的人常常曲高而和寡，因为宁静之处往往就是寂寞之地。但你要懂得忍耐，只有善忍寂寞，才能达到心灵的宁静。李白诗云：“古来圣贤皆寂寞。”浮躁的社会，更需要静心的智慧。诸葛亮曾说“非淡泊无以明志，非宁静无以致远。”作家张炜有“三不主义”：不看热闹的书，不去热闹的地方，不交热闹的朋友。善于用平常心来对待人生的得失成败。要约束自己的心灵，使自己的心不为物欲所羁绊。

颜渊曾问孔子：“您常教诲我们，一个人千万不能为事物所拘泥，要保有一颗宁静的心。我们究竟如何才能达到这个境界呢？”孔子回答说：“古人比较纯朴，多半能依道而行，所以，他们不仅能适应外物的变化，还能使心志毫不动摇；可是，现在很多人的心灵，却很容易被外物所左右，以致丧失了应有的冷静，无法顺应外物的变化。因此，我们最好能保持静心的状态，以用来应对复杂的生活。”

沉着冷静能够转危为安

2014年“双十一”前夕，一架载有200余人的客机从珠海飞往北京，起飞后不久，飞机左侧引擎下方发动机发生故障——发动机起火冒烟，推测是撞到了小鸟。

当近乎绝望的情绪在200多位乘客中蔓延时，广播中传来了机长抚慰人心的话语：“本人经过严格的训练，有能力控制好状况，有能力将大家安全送到陆地上。”机长的这句话起了很大的安抚作用，200多位乘客在绝望中安静了下来，乘客们没有慌乱，机组人员更没有慌乱。最终，航班紧急迫降广州白云机场，且无人员伤亡。当飞机安全触地的那一刻，乘客们带着复杂的心情全部鼓起掌来。

一位网友说自己就是该航班的乘客，他称：“机长真的很棒，最后10分钟的迫降像在等死，但是机组人员给了我们很大的鼓励，我们都为自己鼓掌！”该南航机长被赞为“最美机长”，堪称空中英雄。

古人说：“安静则治，暴久则乱。”面对危机最重要的是要沉着冷静，处变不惊。如果心里先慌了，那么行动必然要乱。只有冷静沉着，才有可能化险为夷，转危为安。

印度有这样一个故事：在一家餐厅里，一条毒蛇爬到了某女士脚上。该女士感到脚一阵冰凉，低下头一看是一条毒蛇，但是她没有尖叫，反而叫服务员端来一盆牛奶放在阳台上。附近的一位男士知道这是一个引蛇的办法，他看了看那位女士脚上的毒蛇，开口说道：“我跟大家打一个赌，考验大家的自制力，谁能在十分钟内保持一动不动，我就输给谁500比索。”所有人都一动不动了，那条毒蛇缓慢地向阳台爬去，远离了人群。

遇事慌乱会影响我们的大脑思考，让我们在极端急躁、慌张的情绪下，作出错误的判断，继而引发更大的错误。有些人的厉害之处并不在于他有多么高明，也不在于他多么能力挽狂澜，而在于这种人在面临危机时有常人不具备的冷静头脑和平和心态。那些解决办法相信任何一个人都想得起来，但是在危机下他们手足无措、自乱阵脚，常常是自己推动了危机的降临。

人在危急时，容易恐惧、紧张、行为失措。而一旦冷静下来，我们的智慧就会“活转”过来，帮我们寻找到摆脱危机的办法。要做到沉着冷静，就要摆脱和消除面对危机而产生的急躁不安、焦虑、紧张的情绪。急躁、慌乱，以及缺乏驾驭局面的自信心，是引发焦躁的原因。所以，要摆脱焦躁的方法就是强化心理素质，静下心来，认清危机情势，找到解决办法。

杜雪莹的叔叔一生具有传奇色彩，改革开放初期，她的叔叔就揣着几百块钱离家好几百里，去大城市闯荡。

后来，凭借着智慧和勤奋，几年下来她的叔叔开了两家非常出名的餐馆，手里头有了十多万的积蓄。于是，杜雪莹的叔叔便想把钱带回老家，而当时银行业务也不发达，带在身上又不安全，他就想了一个绝妙的办法，他把所有的积蓄到银行里换成金条。尔后，她的叔叔将那辆破旧的永久牌自行车改装一番，把所有的金条层层包裹，紧紧地塞进了车架空芯中，就穿着破衬衣，戴着草帽，蹬着破二八自行车出发了。

路途中，杜雪莹的叔叔在一家小饭馆里吃饭，自行车就停在旁边。由于有些高兴过头，他便喝了点烧酒，又因旅途辛苦，就趴在桌子上睡了一觉。等醒来之后，杜雪莹的叔叔猛然发现自行车不翼而飞！当时就如遭雷击，目瞪口呆，手也不停地哆嗦。

他把头插进水缸里，让自己冷静了好久，才缓过来。他既不声张也不报案，而是在附近住了下来，他求饭馆老板帮衬，借了点工具，开了一家自行车修理小铺。他手艺精湛，要价也低，生意日渐不错，半年过去他修理了无数辆自行车，就是不见自己的那辆。

随后，他又进行高价收购自行车的活动，渐渐地送到这里来的永久牌自行车越来越多。终于有一天，一位中年人推着一辆破旧的永久牌自行车，闯入了叔叔的小店，正是叔叔日思夜想的那辆。

杜雪莹的叔叔不动声色地检查自行车，发现车架完好无损，便果断掏出二百元钱，随后悄悄关了店门。第二天，小镇上的人发现这家店已经人去屋空，杜雪莹的叔叔早就回到了老家。

俗话说："每临大事有静气。"慌乱急躁永远都不能解决问题，想要解决问题终归还是要靠冷静的大脑，我们的大脑在冷静的状态下才能够飞速运转，想出解决问题的办法，故而沉着冷静的人往往能够化险为夷、转危为安。

静下来思考，方法总比问题多

洛克菲勒曾经说过："如果一个人敢于直面困境，积极主动地寻找解决问题的方法，那么他迟早会成长；如果一个人被困难击倒，丧失斗志，那么即使困境消除，他也无法走出失败的阴影。"洛克菲勒所言指出了一个人解决棘手问题的能力，我们每个人都有解决问题的能力且差距并不大，然而临事时为什么有些人能扭转大局，有些人却只能被局面左右呢？这主要是因为我们在心态上的差距太过悬殊。对于问题，直面它，冷静看待它，解决它，就永远不会被它打败；而你一遇事就手足无措，内心急躁，大脑当然也就无法思考，最终也会让事态越来越严重。

约翰是美国新墨西哥州高原地区苹果园的经营者。高原苹果味道佳美，少受污染，深得顾客青睐，每年都吸引大批买主。

正当约翰期待把自己的事业再次做大的时候，一场台风引起的特大冰雹把满树的大红苹果打得遍体鳞伤，而且很多苹果都被风吹到了地上。当时约翰的苹果已经预购出9 000吨，这些伤痕累累的苹果对方肯定不会要，如果违约的话，约翰就是破产也赔不起。

约翰心事重重地走在苹果园里，他不知道该怎么办才好。他慢慢地走着，心疼地捡起一个被打落的苹果，苹果伤痕累累，约翰咬了一口，猛然发现这被冰雹打过的苹果格外香甜，比往年要甜得多。约翰的大脑里产生了一个绝妙的想法。

约翰做了一个广告，附上了许多自己苹果的照片，苹果表面坑坑洼洼，但是约翰别出心裁地配上了广告词："这些苹果个个带伤，但是请看好，这是只有高原地区的冰雹才能打出来的苹果，这种苹果味道极佳，香甜可口，而且天然防范假冒伪劣。"

接下来可想而知，这种苹果一上市就被抢购一空，因为大家都想要买香甜的高原苹果，而约翰的苹果正带有独一无二的高原特征，甚至把第二年的苹果都预订出去了。

急性子的人在遇到麻烦事时总想一下子做好，这样很容易急中出错。在汶川大地震中有一个男孩，地震时他正在四楼，面对剧烈摇晃的楼房他手足无措，觉得自己没有可能跑到一楼，冲出去，于是，便从四楼跳下，摔断了腿，所幸没有致命。事实上，男孩所在区域距离震源较远，楼房并没有倒塌，只是剧烈晃动一阵而已。

静不下心来就会对形势作出错误的判断，从而做出错误的举动。有时面对棘手的问题，静不下心来就会让我们心情烦躁，觉得一团乱麻难以解开，甚至产生破罐子破摔的想法。其实，如果我们静下心来去思考，就会发现，任何问题都有解决的办法，没有什么是无法解决的，只需要把心态放平，做几个深呼吸，不被外物所影响，冷静地思考就能够找到方法。

当我们静下来的时候，身边的喧嚣就消失了，烦躁的心情也会不见，在这种时候看问题是非常全面的，也有利于我们作出正确的判断。如果你想有面对问题力挽狂澜的能力，那么就先要养成静下来思考问题的习惯。

在某公司的年底庆功会上，年纪轻轻的刘艺成为了公司最年轻的分店店长。有同事来问刘艺是什么诀窍让他取得了这样的成就。刘艺笑着说：“其实我没什么特长，只不过是善于解决问题。”

同事不解，刘艺解释说：“上一次咱们分店面临资金短缺，外面有一大笔外账收不回来，而分店还要继续运营，工资还要继续发放。当时我只是一个销售经理，我没有跳槽，也没有找老总指示，我带头暂停一个月工资，带领几个员工去要账，不过没要回来，我们转头又去找另一个分店合作，让他们分给我们一点客源，代价是我们分店所有人下个月的奖金要给他们。我们利用这一点客源拼命工作，做出了非常不错的成绩。另外，我又请了律师去欠账公司谈话，告诉他们如果诉讼就必败无疑，还会影响声誉。最后，欠款要回来了，我们的工资也都补发了，就这样。”

有人总抱怨麻烦事太多，让自己无能为力，然而世上没有解决不了的问题，只有不会解决问题的人。任何问题只要被发现了，在将其认真清楚分析后，总能找到相应的解决办法。一个会解决问题的人，可以在纷繁复杂的环境中轻松自如地驾驭人生局面，凡事也都能逢凶化吉，把不可能的事变为可能，最后达到自己的目的。

办法总比问题多，希望总比失望多，最优秀的人是最重视找方法的人，他们不会被危机吓得手足无措，更不会因为心情烦躁而气得跳脚，他们会静静地观察一切，从而找出解决问题的办法。只要我们能够平心静气地思考，就可以成为那个找到解决方法的人。

静下心才能心无旁骛，专心致志

法国大文豪雨果曾经为了让自己静下心来创作，把自己剃成光头，反锁在屋里，并且把钥匙扔到窗外，只是让人每天来送食物，他就在屋子里心无旁骛地创作，最终写出了《悲惨世界》这部巨著。无独有偶，历史上非常多的作家、学者、科学家，他们都有跟雨果类似的习惯，为了求得一片净土，自己隐居起来，专心创作。

俄罗斯数学家格里戈里·佩雷尔曼，躲在自己的破陋居室里证明了20世纪七大数学难题之一——庞加莱猜想，成了世界新闻媒体所争相追捧的英雄，可他自己对出名却不感兴趣，并拒绝接受被誉为“数学界的诺贝尔奖”的菲尔茨奖。佩雷尔曼就是这样，“只按他喜欢的方式生活”，他从不离开圣彼得堡，没有朋友，没有积蓄，宁受失业的痛苦，也不愿去领取100万美金的奖金，他处事低调，远离世俗，过着离群索居的生活，情愿做隐居的修行者。

1845年，梭罗决定在距离康科德两英里的瓦尔登湖畔隐居两年，自耕自食，体验简朴和接近自然的生活。梭罗借了一柄斧头，就孤身一人跑进了无人居住的瓦尔登湖边的山林中。他在瓦尔登湖畔建造了一个小木屋，开荒种地，写作看书，过着非常简朴、原始的生活。在这两年多的时间里，梭罗自食其力，他在小木屋周围种豆、玉米和马铃薯，然后拿这些到村子里去换大米，完全靠自己的双手过了一段原始简朴的生活。这简单得有些离谱的生活让梭罗的思想有了一个质的飞跃，也让梭罗静下心来开始思考，终于铸就了名震中外的散文集《瓦尔登湖》。

一些急躁的年轻人静不下心来，在工作的时候看上去很认真，实际上早都不知道神游到哪个旮旯角落了。他们东看看西看看，看看新来的同事，看看新装修的办公桌，谁有个动静都要看上一眼……这是当下社会人们烦躁的一种表现。他们做什么都静不下心来，在做一件事情时总觉得还有更多的事情要处理，或者总是同时做好几件事。这样看上去好像效率很高，实际上往往是一事无成。

台湾著名漫画家蔡志忠，在谈到教子之法时，曾提倡“只追一只兔子”，这是这位漫画大师的经验之谈。蔡志忠11岁时迷上漫画，20岁时便已成名，皆因用心专一。后来他想做生意，就开了一家卡通公司，很快他发现公司影响了他的漫画创作，便果断地解散。蔡志忠说：“两只兔子我只能追一只，如果当初不解散卡通公司，我怎会有今日的成就。”

只有静下心才能心无旁骛，专心致志，心静不下来就做不好任何事情。无论我们面临什么，或者需要去做什么，首先，要把自己的心态调整好，只有平心静气、不急不躁、专心致志，才能把事情做好。

有位作家为了搞文学创作，特地在南部一座风景优美的小城里租了间房子，他只带着钱和电脑就住了进去。最初的几天，作家下笔如有神，写了很多东西，他白天写作，累了就出去逛逛，风景优美的小城让他心旷神怡。

可是没过多久，他就忍受不了这种平淡的生活了，总想着：在北京的朋友们在干什么？有没有一起喝酒？有没有找过我？于是，在接下来的写作中，作家总是忍不住要在社交媒体上看看朋友们的最新动态。他还惦记着自己上一本书的稿费，被拖欠了很久，说是近期打钱过来，可是怎么还不打过来呢？

作家又突然想到自己在北京的家会不会忘记锁门了，他一点都想不起来锁门的场景了，作家心想："那就是没锁了！"于是，作家带上简单的行李，立刻坐车去了机场。当天作家就回到了北京，他发现门是锁好的，这才放心。但是，他再也没有去过什么小城了。

静下心来并不是让人消极避世，雨果把自己关起来是为了静心不被打扰，而他也确实静下心来了。对于雨果来说，即使把他放到闹市也是不会被打扰丝毫的；而对静不下心的人来说，无论把他放到哪儿，他都避免不了心浮气躁的状态，总惦记着其他事情，这样怎能成大事呢？

俗话说："心静自然凉。"炎热的夏日固然热，但是有时候让我们燥热不安的却是我们的心，生活也是如此，烦躁是因你的内心而起的，内心静不下来才会草木皆兵，稍有风吹草动就会被干扰。所以，我们要努力调整好自己的心态，磨炼自己的意志力，不要轻易地被其他事情所吸引，做一件事就心无旁骛地做，做完一件再去想下一件事，这就是所谓的"静心才能专心"。

放慢节奏，才能快速奔跑

有人抱怨道："我感觉压力特别大，总想回老家。我工作非常努力认真，手上同时做着好几个项目，每天不仅要处理很多琐碎的工作，还要处理好跟领导、客户、同事的关系，感觉精疲力竭，非常疲惫。我原本想趁年轻多积累点资本，可是现在越来越力不从心。"

急性子的人总想同时做好很多事情，或者提早完成目标，殊不知很多目标都是急不得的，很多事情也是不能急的，你越急就越焦虑，反而越做不好。

何仁旭每天都很忙，每天早晨五点半起床，一睁眼就觉得有一大摊子事等他处理。何仁旭有时候连早饭都来不及吃，匆匆赶到公司就开始着手每天的事物，整整一天都在忙活，而且晚上还常常要应酬，晚上十点多能到家就不错了。

一天，何仁旭早上又没吃饭，七点半就赶到公司处理事务，老总给他安排了三场会议，一直忙活到十二点半还没休息。何仁旭咬咬牙，觉得这是老总对自己的信任，就想放弃吃午饭赶紧把工作做完，可是他的腹部一阵剧痛，疼得他直冒汗。最后，同事只好把何仁旭送到医院，原来是由于长期不吃早饭，结果患上了胃病。

一项关于“中国企业家生存状态”的调查结果显示，很多中国企业家，平均一周要工作6天，每天的工作时间将近11个小时，而睡眠时间仅为6.5个小时，而其他的岗位也跟此类似。能吃苦是一个人优秀的品质，但是聪明的人懂得如何吃苦以及吃什么苦。有的人拼了命工作，特别能吃苦，公司上下就属他最勤奋，但是不见得他是升职最快的，因为他并不一定是给公司带来最大利益的人。

贝多芬写《合唱交响曲》用了39年的时间，最终将无数次的灵感串联成了旷世佳作。如果他也急不可耐地希望完成作品，一个小时作完曲子，我们还能听见他发自内心的《欢乐颂》吗？

如今有一种新的症状叫做“压力上瘾”，就是当一个人逐渐习惯了非常大的压力、非常快的节奏后，一旦停下来，就会变得茫然失措，这种心理推动着人们向更加忙碌、焦虑中走去。

周小姐个性要强，总要跟自己的老公较劲工作，可是老公总是比她赚得多许多。

周小姐除了每天忙着工作，在下班后还要坚持看会计书，她要考注册会计师，为了这个考试连周末也不休息。在看了半年书后，周小姐终于通过了注册会计师考试。

可是，周小姐高兴之余又觉得特别失落，她感觉自己生活没有目标了，一下子松垮下来。

想来想去，周小姐在业余时间又开始学习法语，因为英语早就掌握了。周小姐不为别的，学习法语也不会给自己的职位带来提升，她只是觉得自己不能闲下来，只有忙碌才能让她有安全感。

每天忙得昏天暗地，会忽略与朋友、家人的关系，用忙碌的工作转移注意力，可能让你忽略掉生活中的问题，最怕的是像无头苍蝇一样地忙。这种忙是毫无意义的，节奏太快，大脑就像时刻绷紧着的弦，随时会有断裂的危险。

我们可以将一天中的各个时段所做的事情写在一张纸上，想一想，在什么情况下，你的工作效率最高？什么时候吃饭，什么时候休息最理想？对这些作出客观的评价，这样你就可以找到最合理的时间安排自己的生活。在该慢的地方放慢脚步，才能够积蓄更多的能量向前冲刺。

静下来享受寂寞，灵感才会造访

谈起寂寞，大概没有人会喜欢，但正因为寂寞才诞生了许多伟大的人物及其作品，这些人能够享受寂寞，并能够在寂寞的深夜里思考问题。司马迁最为人熟知的就是他流传后世的史家之绝唱——《史记》，他的创作背景想必大家也都清楚，身受腐刑却毫无怯色，这得是何等坚忍的心志才能做得到！生理的病痛、精神的折磨，这样的寂寞，司马迁迎面而对，毫不妥协。生活中也是如此，人生常常要面临寂寞难耐的时光，而这种时光利用得当将对我们的人生大有好处。

梵高这个名字在当代如雷贯耳，他的画作代表着无上的成就，而在梵高活着的年代，他在很多人眼里就是个精神病人。

梵高有一幅非常著名的画《星夜》，画中景象是一个望出窗外的景象。画中的树是柏树，但画得像黑色火舌一般，直上云端，令人有不安之感。天空的纹理像涡状星系，并伴随众多星点，而月亮则是以昏黄的月蚀形式出现，体现出了画家躁动不安的情感和迷幻的意象世界。

1889年，梵高的疯病又一次发作。在与高更的一次激烈争吵之后，他割下自己一只耳朵，并用手帕包着送给一个妓女。此后，他被送到了阿尔勒圣雷米的一家精神病院治疗。他在那儿待了108天。其间，他仍然勤奋作画，完成了一百五十多幅油画和一百多幅素描。他那时的绘画，已完全地趋于表现主义。在他的画上，那些像海浪及火焰一样翻腾起伏的图像，充满忧郁的精神和悲剧性幻觉。《星夜》便是梵高在此时创作的。

当时很多人把梵高当作疯子，没人愿意跟他说话，据说，梵高曾经自语："在大多数人的眼中我是什么呢？一个无用的人，一个反常与讨厌的人，一个没有社会地位、而且永远也不会有社会地位的人。"

这是一个不为人了解与理解的伟人，他的寂寞没有人知道。梵高，终于在死后，让他短暂的生命与那些壮丽辉煌的油画同在。他的寂寞终于为人所知。

一篇哲思短语中是这样解释寂寞的：一个优秀的灵魂，即使永远寂寞，永远无人理解，也仍然能从自身的充实中得到一种满足，它在一定意义上是自足的；一个平庸的灵魂，并无值得别人理解的内涵，因而也不会感到真正的寂寞。

海明威曾说：“一个在稠人广众之中成长起来的作家，自然可以免除孤苦寂寥之虑，但他的作品往往流于平庸。”能真正享受寂寞的人，才有清醒的头脑思考，才会有灵光乍现，而那些耐不住寂寞的人，耳边的喧嚣会让他心情烦躁，静不下心来，导致“乱花渐欲迷人眼”。

寂寞是灵感之泉，是寂寞留给你思考的时间，你的创造才能在寂寞中萌发，你的思想才能在寂寞中闪烁。真正拥有了寂寞，才拥有了真实的自己；真正拥有了孤独，才有了许多意想不到的收获；真正去享受寂寞，才能创造属于自己的神奇。

贝多芬自幼不幸，他的父亲是一个残暴的酒鬼，剥夺了小贝多芬学习、休息和娱乐的时间，而只是一味地强迫幼小的儿子没完没了地练习钢琴和小提琴，期望他将来成为自己的摇钱树。

1792年11月贝多芬离开了故乡波恩，前往音乐之都维也纳。不久，痛苦叩响了他的生命之门，从1796年开始，贝多芬的耳朵日夜作响，听觉越来越衰退。对于一个音乐家来说，还有什么比这更可怕的呢？

贝多芬一生艰难寂寞，很少有人理解他，然而他却在这样的境况下，写出了许多绝世乐章。鲜为人知的是，他绝大多数作品都是在他耳聋之后创作的。

贝多芬有一个习惯，每天午饭后，都会进行一段精力充沛的散步，他口袋里往往带着一根铅笔和一叠纸，以记录灵机一现的乐思。还有很多作家、画家有这样的习惯，在这种放松寂寞的环境下，灵感往往有如泉涌。

如意象派诗人佛罗斯特曾经说过：“在茫茫雪夜，来到了一个十字路口，但却挑选了一条人迹稀少的路走。”这条路孤寂无人，但是通往宁静的内心。国学大师南怀瑾也说过：“人生最高的享受是寂寞，不懂得享受寂寞的人生是没有意义的。”只有内心真正把寂寞当成最高的享受，才可以达到所谓的身心空灵，才会让自己的大脑不被干扰，才会有空去思考真正的问题，灵感自然就来了。

章 10

耐住性子，
让灵魂跟上你的脚步

学会和孤独相处，是人生的必修课

一大堆朋友在一起，热闹非凡，时间总是过得飞快。剩下一个人的时候，时间就会慢下来，感觉一分一秒都难熬。学会和孤独相处，学会在孤独中成长，这是人生的必修课。

陈玉洁大学毕业后来到了上海，她很早就想来到这座魔都，当下了车看到上海的高楼大厦时，她想兴奋地告诉别人她来了，可是翻遍手机通讯录，她认识的人没有一个在上海，她默默地把手机揣了回去。

陈玉洁看了看四周的车水马龙，她知道以后她将一个人在此打拼。她租了房子，找了工作，白天坐地铁去上班，下班之后就回到出租屋里，一个人精心做饭，一个人打扫屋子，饭后再来一段音乐，她静静地享受着一个人的时刻。

一晃两年过去了，陈玉洁也在上海有了稳定的收入，逐渐地融入了这座城市，她还谈了男朋友。公司里的人都夸陈玉洁年纪小但是工作能力出色，陈玉洁说这要感谢自己前两年的孤独，每当夜深人静的时候她都要想想工作上的事，每天早睡早起，心态平和，这样自己的能力才能提升起来。

人有时是需要学会和孤独相处的。辛弃疾在一首词中自嘲自己家屋是："笑我庐，门掩草，径生苔。"这足见他当时身处的环境是何等孤独寂寞。就是在这样的环境中，他读书写作，潜心创作，生活虽然看来索然无味，但他却饶有兴味："味无味处求我乐，材不材间过此生。"可见，成大事者大都善于和寂寞打交道，和孤独交朋友，这是一门艺术，也是人生的一种境界。

电视剧《新三国》中司马懿说得好："我挥剑只有一次，而磨剑用了几十年。"善忍孤独，才能达到心灵的宁静，才能让自己变得更加锋利。人生孤独又如何，那是留给我们思考的时间。

耐住性子，你会在孤独中发现许多不曾注意到的地方，在这种时刻没有人会打扰你，你可以安心地看书学习，也可以什么都不做享受着安宁，在安宁中把自己放空，觅得内心的宁静。

已故国学大师季羡林这一生多磨多难，他当年一心求学，历经磨难赢得了远赴德国哥廷根大学求学的机会，没想到正赶上第二次世界大战爆发。在德国，季羡林度过了十年之久的孤独生活，没有亲人，没有问候。由于战争爆发，物资开始缺乏，在餐桌上消失的先是香肠，后来是黄油，最后只剩一片有鱼腥味的面包了。最初还有茶可喝，后来只能喝白开水了。然而，生活的困难并没有阻碍季羡林读书。在哥廷根大学中国学生极少，有一段时间，全城只有季羡林一个中国人。

这种孤独寂静的环境，正好给了他空前绝后的读书的机会，季羡林就在这种炮火连天中读书，他的学识就是在这种情况下增长的。在季羡林的回忆中，他用了"坐拥书城"四个字来形容当时的情景，十年如一日的勤学苦读奠定了他日后成就的基础。

明朝伟大的哲学家王阳明曾经因为触怒了大太监刘瑾，被贬到贵州龙场当驿丞。那里环境十分恶劣，最初甚至无处可居，三餐难以为继，但他以一种坚定的求道精神，克服了种种困难，励志修身，终于在一个夜晚，领会到了“格物致知”的要旨即“致良知”，彻悟了“知行合一”这种天地间的终极智慧，从而创立了影响至今的一门学说——心学。

王国维在《人间词话》中说过：“古今之成大事业、大学问者，必经过三种之境界。第一种境界就是‘昨夜西风凋碧树，独上高楼，望尽天涯路’。”这就是一种“孤独”的境地。深夜里只有一个人望着远方，不是孤独是什么？然而也正是在这孤独无人的时刻，我们才能听见自己的心声，才能思考问题，才能有所感悟。

对于急性子的人来说，“孤独寂寞”是一件再好不过的事情，无论是不是不被他人赏识，无论是不是怀才不遇，我们都不要着急，享受这无人打扰的时间，最大限度地将自己的能力提升上去。

给心灵放假，牵着蜗牛看风景

生活压力大、节奏快，让很多人不堪其重，总要长长地叹一口气：“唉，生活真是太累了！”生活的确很累，但是我们可以选择在重压之下给自己的心灵放假，要有牵着蜗牛看风景的心态，缓慢行走，保持心灵的宁静。

有这样一个寓言故事：上帝给了人一个任务，叫人牵着一只蜗牛去散步。蜗牛已经在尽力地爬了，但每次总是只能挪动那么一点点。人拉它，催它，吓唬它，责备它，甚至踢它，蜗牛仍然不紧不慢地往前爬。人在极端疲惫、懊恼之余，开始向上帝抱怨：为什么叫我牵一只蜗牛去散步？

这个人朝天上大喊百般抱怨，可是天上一片安静。他没有办法了，只得任由蜗牛慢慢向前爬。走着走着，这个人忽然闻到沁人心脾的花香，听到悦耳的鸟鸣，看到晶莹的露珠在树叶和草茎上闪烁，他困惑了——路边原来有这样美丽的风景，为什么我以前没有看到？莫非是蜗牛在带着我散步？

巴尔蒙特说：“为了看看太阳，我来到世上。我来到这世上是为见到太阳和高天的蓝辉，我来到这世上是为见到太阳和群山的巍巍，我来到这世上是为见到大海和谷地的多彩……”然而很多人却把自己定位为工作，拼命地工作，让自己的压力越来越大，压力越大越拼命，形成恶性循环。

已故作家王小波说：“人拥有此生此世是不够的，他还需要一个诗意的世界。”这个诗意的世界不在别处，就在我们心中，这就是给心灵放假的含义。给心灵放假，即是学会在喧嚣的尘世中，寻找到让自己内心宁静的一隅，给灵魂找一个宁静的栖息地。

给心灵放假并不等同于给身体放假。很多人在周末、假期睡个懒觉，看看电视，就算放松了，其实，这样并不算真正的放松，压在心灵上的重担仍然存在，焦虑仍旧会在下一周光临。

高质量的生活应保持一种平衡，该快则快，能慢则慢，它没有一成不变的公式和万用手册，只是让每个人都有权利选择自己的生活步调，如果我们愿意腾出空间容纳各种不同的速度，这个世界会变得更加多彩。

《给心灵一次放松的机会》是德国著名的喜剧演员和节目主持人哈沛·科可林的笔记体著作。

哈沛·科可林曾先后斩获了“斑比奖”“金摄影奖”“格里莫奖”等众多演艺界的大奖。在世俗的眼光中，哈沛·科可林已然是一个成功人士，然而在高强度的工作下，哈沛·科可林失去了自己的健康，更感觉到自己内心深处的疲劳，他意识到应该给自己的心灵放个假了。于是，他放下工作，背上11公斤重的背包，开始了为期38天的朝圣之旅。

《给心灵一次放松的机会》便是哈沛·科可林在“圣雅各布古道朝圣之旅”中的日记。这既是他的一次放松，更是对生命意义的探寻。

给自己的心灵放个假吧，在平淡的生活里品味人生的美好，在烦躁的世界里觅得可贵的安然，拂去心灵上沾染的灰尘。其实做到这些很简单，我们可以在每天入睡前阅读半个小时书籍，或者在公园里慢跑，听着舒缓的音乐，看看花草树木，长期坚持下来，你就会喜欢这样的时刻的。

品味生活中的“禅境”

大家都知道，当车的速度飞快时，窗外的风景就会刷刷地往后“倒”，开得更快的话还会让窗外的景色变得模糊不清。生活里很多人的脚步都是急匆匆的，步履飞快，生怕错过了什么，殊不知正是如此才会让我们错过很多美好的风景。

汪超人如其名，做事情永远都是风风火火的，做任何事都追求效率，吃饭要吃最快速的，做事要做工作量第一的，因此被公司同事送了个“汪超人”的外号。

五一期间，汪超订了4月30日晚上的机票飞往海南旅游，当天晚上他吃了海鲜大排档就睡了。第二天，汪超马不停蹄地逛了十个景点，在天涯海角拍了几张照片，就立刻前往下一站。5月2日，汪超又乘飞机到了广州，还去香港购了物，吃了点香港经典小吃。5月3日，汪超乘飞机抵达上海，来到外滩，在东方明珠前拍了照，又去大购物中心给朋友买了点礼物，然后返家。

到家后，汪超就倒在床上呼呼大睡，醒来之后第一句话就是：“这旅游怎么比上班还累啊！”朋友问他旅游都干什么了，汪超回答说：“去了很多地方啊！我照片也拍了，纪念品也买了，还在香港买了好多港版产品，省下了好多钱呢！你看看这照片，这是天涯海角，这是维多利亚港，这是东方明珠，拍得还不错吧，还有这是给你们的礼物。”朋友打断了汪超：“除了这些，你还有收获吗？”汪超一头雾水：“除了这些？还会有什么收获？”朋友说：“谢谢你的礼物，不过下次你可别再这样旅行了，你根本就没有好好看看天涯海角是什么样子。”

据说阿尔卑斯山山脚下竖有一块牌子，上面写着：“慢慢走，欣赏啊！”美学大师朱光潜说：“许多人在这车如流水马如龙的世界过活，恰如在阿尔卑斯山谷中乘汽车兜风，匆匆忙忙地急驰而过，无暇一回首流连风景，于是这丰富华丽的世界便成为一个了无生趣的囚牢。”

的确，珍惜时间、高效率做事本无可非议，但是切不可因此忘记了生活的本质，不要把自己置于一个忙碌的世界里。以旅游为例，像汪超一样急匆匆地路过又有什么意义呢？生活里其他地方也是如此，走得太快你就看不清沿途的风景，一路向终点冲去，这样的人生又有什么收获呢？

我们要有牵着蜗牛看风景的心态，慢慢悠悠地把眼前的美景尽收眼底，这是一种良好的生活心态，不急不躁，才会带给自己愉悦的心情。

有一个人走在乡间小路上，天阴欲雨，路上的景色非常美，此时过来一辆摩托车，这个人拦下摩托车问路："请问到青山村还有多远啊？对面那座村庄就是吗？"骑摩托车的人回答说："是啊！就是那个，我是那个村子里的人，我可以带你去。"

这个人摇摇头说："不了，我自己可以走过去。"骑摩托车的人道："这天快要下雨了，赶紧跟我到村子里避雨吧！我家还有热汤呢！"这个人依然摇头，感谢对方，但表示自己可以走过去。摩托车掀起一阵尘土离开了。

不一会儿有一个赶着牛车的老伯过来，这个人反倒主动要坐老伯的牛车，老伯问道："我刚刚看到一辆摩托车过去，你为什么不坐摩托车，反倒坐起我的牛车来？"这个人回答道："老伯，我来到这里的第一目的是看风景，第二目的才是到达青山村，虽然快要下雨了，但是春雨并不大，所以我不着急，我就在您的牛车上好好看看风景。"

佛家的禅境指的是一种心态，那些学有所成的佛学大师们永远都不着急，也无人能将他们激怒，他们做事永远都是有条不紊的。如弘一法师一条毛巾用了十几年，虽然破了好多洞，但是干干净净的，弘一法师曾做客友人家，只有一碟咸菜，弘一法师吃得很满足："咸有咸的滋味。"这就是禅境，慢慢行走，品味生活是它的追求。

我们在生活中也要学着体会禅境，给自己打造一个平和的心态，平时不着急、不急躁，遇到事也保持心平气和。当上班途中堵车的时候，不要急躁地一直按喇叭，不如放上一张喜欢的CD，听听音乐、看看蓝天；当某些棘手的事情做不好时，不妨放一放，去休息一下，然后再做；出去旅行的时候，也不要象征性地拍几张照片就立刻换景区，不如找个人少的景区，慢慢地欣赏一下美丽的风景。

慢慢来，欣赏啊！人生这么多风景，如果你的心太快，你只会辜负这美丽的人生好时光。

慢慢来，一切都来得及

生活要慢慢来，赚钱要慢慢来，很多着急的人为了升职加薪总是拼命加班工作，这样的做法是很不好的。有句话叫：“人年轻的时候拿健康换钱，功成名就之后拿钱换健康。”因为急于求成而付出自己的健康是不值得的，除会造成身体上的伤害之外，这种心态更会严重影响我们的生活，会让人总是给自己设限，并且在其中焦虑不已。

程明哲今年27岁，在北京的一家IT公司上班，虽然薪水不低，高过北京平均水平一大截，但是他仍然感到焦虑。他总觉得自己马上就30岁了，却还不能“三十而立”，付不起买房的首付，也没有女朋友，家里父母又总是催他结婚，程明哲非常烦恼。

为此，程明哲的应对方法是主动加班。同事加班到八点，他就加班到九点半，他觉得这样可以让自己的薪水再次提高，一定要在30岁之前买到房子。程明哲每天都累得头昏脑涨，父母还在催他结婚，他只好加入了一个相亲网站，每周日给自己安排几场相亲见面会，去了几次后程明哲大呼失望，他还是想自由恋爱，走相识、相知、相爱的过程。现在，程明哲也不知道该怎么办，他感觉自己在30岁时没能成家、没能买房的话，这一辈子就完了，再也没有奋起直追的可能了。

“怕来不及”这种心态越来越盛行，人的所有焦虑都来自“害怕来不及”的心态：害怕来不及弄清楚自己想要什么，双鬓已开始发白；害怕来不及确定自己的感情，就被家里“逼婚”了；害怕来不及功成名就，可能就进了坟墓……

老人常常告诫年轻人的一句话是：饭要一口口地吃，路要一步步地走。有太多的事是急也没用的，比如，升职加薪，你的工作能力提升之后自然就来了；再比如，恋爱结婚，如今很多“剩男剩女”，总觉得自己再不恋爱结婚就晚了，这事哪有晚不晚的，遇到对的人自然就水到渠成了，如果因为怕来不及而草率恋爱结婚，只会给自己带来麻烦。

我们要告诉自己一切都来得及，不要被自我设限的“来不及”心态毁了生活，只要我们珍惜当下，做好该做的每一件事情，该来的自然会来，着急毫无用处。就好像掉在大海里，远处有一座小岛，如果你拼命游泳就会很快地把体力透支，正确的做法应该是找准方向，用合理的姿势游过去，你要节省体力，因为小岛永远都在那里，所以没有什么是来不及的。

明末清初名士周容著有《小港渡者》，里面记载了这样一个故事——

周容带着一个小书童进城，书童用木板捆了一大摞书。当时太阳已经落山了，他们离县城还有二里路，周容就问一个路人：“还来得及赶上南门开着吗？”对方说：“慢慢地走，城门还会开着，急忙赶路城门就要关上了。”

周容听了有些生气，认为他在戏弄人，于是便加快步伐行走，没一会儿小书童因为跟不上便摔了一跤，捆扎的绳子断了，书也散乱了，小书童坐在地上大哭起来，周容好言相劝他才起来，等到把书理齐捆好，前方的城门已经下了锁了。

最后，周容醒悟道：“天下因为急躁而导致失败，直到天黑也无处归宿的人，就和这一样啊！”

俗话说得好：“尽人事，听天命。”我们要有万事随缘的心态，不要怕某些事来不及，把事情做好就可以了，不要被烦躁的心态干扰自己的生活，不要担心来不及而拼命做事。当你不觉得来不及时，反而事事都会来得及。

你可以像心脏一样工作

我们都知道心脏的跳动是一下一下的，它是有节奏地“一走一停”，心脏一分钟跳66次，每跳0.9秒，其中0.3秒收缩，0.6秒休息，就是说1/3工作，2/3休息，相当于我们的8小时工作制。到了晚上，每分钟心跳50次，每跳1.2秒，其中0.3秒收缩，0.9秒休息，心脏变成6小时工作制。心脏工作的最大特点是会休息，它敬业而不蛮干，懂得自我爱护，因而能不知疲倦、不分日夜地持久工作，工作一百多年也不是没有可能的事。

这有点像我们的工作，有些人每天忙碌于工作不知道休息，最终给自己造成了很大的健康损伤，然而又不能不工作，像心脏一样，它要是停止个十分钟八分钟，人就死了。所以，我们既不能快，也不能停，工作一下暂停一下，才能始终保持最充沛的力量。

李杰工作5年后，逐渐地感觉自己力不从心。他每天回到家之后都是一身疲惫，吃过晚饭就立刻倒头睡觉。他感觉生活好累，而且看不到希望，他不敢想象自己如此工作几十年之后会累成什么样。

反正这5年里他从来没有过得很开心过，公司里他要做的工作太多了，家里也有很多事情需要他处理。他曾产生过逃离的想法，可是又不能这样做。

李杰每天都在反复纠结中踏上去公司的路，平时他对公司的各项活动也不感兴趣，工作时也只想着把积压的工作赶紧做完了事。

1940年，德国作家约瑟夫·皮珀在自己的《休闲：文化的基础》一书中告诫大家不要让社会进入一个他所称为的“全民工作”的世界里。我们都需要闲情去放松，去创造，去与他人相处以及学会如何思考。

近年来，越来越多的人出现工作焦虑的情况，大量的职场人员感觉自己疲累不堪，但是又不能停下来，在日本甚至出现了一个用来专门形容因过度劳累而致死的名词：Karoshi。也许有人可能会说：工作繁忙，领导命令，不得不采用拼命的方式完成大量工作。事实上，领导给我们派很多很多的任务是应该的，但是我们要做的不是无条件服从，聪明的员工会用高效率的手段把事情做好，而不是为所有事情忙得焦头烂额。

西方流传着这样一个故事：有三个商人死后见上帝时，上帝要他们介绍自己前世的功绩，然后给他们评分。

第一个商人说：“在我去世的时候，我的企业濒临倒闭，不过我跟我的家人生活非常快乐。”上帝给他打了50分，说道：“快乐是最重要的，可是你有没有想过，留在人世的家人没有你的支撑，还会快乐吗？”

第二个商人赶紧说：“我的企业在不断地发展壮大，如今已经成了跨国大企业，而我则是亿万富翁。不过，我很少跟家人待在一起，我每天都要在各个国家之间飞来飞去。”上帝给他打了40分，说道：“钱财乃身外之物，纵使物质条件再好，你也失去了家庭的意义。”

这时，第三个商人开口了：“我在尘世时，虽然每天忙着赚钱，但我同时也尽力照顾我的家人，朋友们和我很谈得来，我每天傍晚都跟家人和朋友一起钓鱼、打高尔夫球，周末我们就去远处的山脉里野营，我们一家人其乐融融。”上帝满意地点点头，给他打了100分。

美国一项最新研究显示，每工作52分钟后休息一段时间，工作效率最高。如果我们的工作真的太忙，那么抽空休息个5~10分钟也是非常不错的，既能提升工作效率，又能保持身体健康。

中国古人讲：“一张一弛，文武之道也。”工作就像一条橡皮筋，绷得太紧，是会断的。在工作的同时，我们更要进行适度的调节与休息，这不但于自己健康有益，对事业也是大有好处的。在努力工作中，我们应该“出力出汗不出血”“拼脑拼劲不拼命”，这就需要我们“像心脏一样工作”，敬业而不蛮干，工作休息有序，如此一来，我们才能长期持久地工作，并保持精力的充沛。

人生不是短跑比赛，何必那么急

著名诗人木心有一首广为流传的诗《从前慢》，里面这样写道：“记得早先少年时/大家诚诚恳恳/说一句是一句……从前的日色变得慢/车，马，邮件都慢/一生只够爱一个人……”著名作家米兰·昆德拉曾在书中提问：“慢的乐趣怎么失传了呢？”他感慨道：“古时候闲荡的人到哪里去啦？民歌小调中游手好闲的英雄，漫游各地磨坊、在露天过夜的流浪汉，都到哪里去啦？他们随着乡间小道、草原、林间空地和大自然一起消失了吗？”

这两位文学大师都旨在提醒我们：如今的生活节奏太快了，我们忽略了太多的东西。跑得快会忽略掉周围的风景，会忽略掉身边人的感受，忽略掉生活的本质，忘记了生活的滋味。

有这样一则寓言故事：有个人在树林旁边等一个姑娘赴约，姑娘还没有来，他突然发现旁边的长椅上有一个闪闪发亮的东西。他捡起来一看居然是一块手表，他戴在手上，拨动了一下表针，没想到姑娘很快就出现在他的面前。他明白这块表原来有加速时间的能力，他不甘心只跟姑娘约会，他想：如果现在能跟姑娘结婚该多好啊！他拨动了表针后，立刻出现在婚礼现场，两个人结婚了。

他又转念一想：结婚太慢了，我迫不及待地想抱抱我的儿子。他再次拨动表针，一转眼，他的旁边就多了两个小孩子。

他非常着急地拨动表针，不停地拨动着……猛然间他发现自己已经白发苍苍，衰老不已，他很后悔，可是这块手表没有让时间倒退的能力……

著名摇滚歌手约翰·列侬曾说：“当我们正在为生活疲于奔命的时候，生活已经离我们而去。”现在太多的人追求“快”，吃饭要吃快餐，坐车要坐快车，干什么都要提速，咖啡都要喝速溶的，而且网上还流行什么“三分钟看完一部电影”“三分钟了解国际时事”等，这些都充分说明了人们在追求快节奏的生活，但是，生活怎能这么过？这么着急只会导致我们的生活越来越忙乱罢了。

有人可能会问：“做事情加快速度，节省下时间难道不好吗？”节省时间是正确的，可是我们节省下时间后，立刻马不停蹄地进行下一件事，这样简直毫无意义。

著名演员濮存昕曾说：“人生其实是排着队往前走，你们跟在后头，千万别加塞，千万别抢道，千万别着急往前跑。我不太喜欢那句‘绝对不能输在第一起跑线’。不可能！谁敢说自己在第一起跑线，永远是一个赢者。”

如今越来越流行“慢生活”，但是“慢生活”不是磨蹭，更不是懒惰，而是让生活的快速度降下来，好让我们的眼睛有机会欣赏路边的风景，体会到亲手磨制咖啡的乐趣，体会到望着天空发呆的悠然自得。

2012年，网络上一则“梁朝伟喂鸽子”的新闻火了，这则新闻来自一个网友的微博，内容是这样写的：“梁朝伟有时闲着闷了，会临时中午去机场，随便赶上哪班就搭上哪班机，比如，飞到伦敦，独自蹲在广场上喂一下午鸽子，不发一语，当晚再飞回香港，当什么事也没发生过，突然觉得这才叫生活。”

这则新闻让广大网友纷纷大呼梁朝伟是“文艺青年”，而梁朝伟也回应了这个新闻，他表示自己曾经真的这样干过，但不是伦敦，而是纽约。他说：“我以前真的有试过这样的，就是突然间无聊，然后就……我没有去伦敦，只是去纽约玩了几天；我也没有喂鸽子。当然，如果真的想喂鸽子，就会去喂。内心想做什么，就去做。”

梁朝伟坦言自己比较随性，喜欢跟着自己内心做事，梁朝伟还说：“我刚开始工作的时候，故意住在郊区，就是为了可以有开车上班的感觉。而且我以前常常开车围着香港周边转一圈，看到很多跟城市里不一样的风景。”

金庸先生说：“我的性子很缓慢，不着急，做什么都是徐徐缓缓，最后也都做好了，乐观豁达养天年。”这种生活方式是明智的，懂得节省自己的体力和精力，用不紧不慢的节奏向前进发，终归会到达彼岸。

人生不是短跑比赛，一开始你就全速奔跑，很快就会耗尽体力的，人生是一场漫长的马拉松，要安排好每一段的步伐，累了，就坐下来歇一歇。

给自己一点时间去品味生命的乐趣

社会上有很多忙碌的狂人，不管是在车上还是家里，他们都电话不断，甚至连做梦都在思考工作中的某个问题，几乎没有一分钟是清静的。这种生活方式对于我们的生活是有害的，要知道你在这个世界上的意义不只是拼命工作。一味地忙来忙去，灵魂又怎么能跟得上呢？生命中还有很多乐趣等待着我们去体会去挖掘呢！

大刘是某上市公司的总会计师，每天他都开着车上班，迎接紧张而忙碌的一天。大刘跟很多人一样忙，但是大刘几乎很少生病，每天都是神采奕奕的，有人就问大刘有什么秘诀。

大刘就跟大家分享了自己的早餐时光。

大刘每天都在6点钟按时起床，然后开始煮牛奶、煮鸡蛋，再烤上两片面包，在这段时间里他既不看电视新闻，也不听音乐，然后用十分钟把早餐吃掉。接着，他会在阳台上打一会儿太极拳，之后便回到书房读自己喜欢的书。有时候，大刘干脆什么都不干，只是静静地坐着，去欣赏美丽的日出。这个时候没有人会给他打电话，这也是他一天中最无纷扰的时刻。

大刘说：“不论这一天有多忙，要做多少事情，我知道，我已经享受过

‘自己的时间’了。”

有的人虽年纪轻轻，但你能从他的神态和面容上明显地看到衰老的痕迹，再与之交谈甚至发现，他的心态如老人一般，毫无朝气和活力。这些人，他们大多是因为长年累月地超负荷体力劳动，使得自己疲惫不堪，反映到外在便是神情颓废面容沧桑。当然，也有人是因为心理压力过大而又难以排解，心里不舒坦，每天必定愁眉苦脸，看着也就“苍老”了。

培根在《论敏捷》中提到：“过于求速是成事最大的危险之一。”大家的时间都规划好了，几个小时给工作，几个小时给应酬，就是忘了留一点时间给自己。生活是自己的，不是别人的，我们要为自己的生活负责，不要在把自己累垮之前意识不到身体已经到达了极限。你的忙只会让你忽略掉生活里很多美好的东西，你只顾前行，灵魂只会在落后中与你背道而驰。

白蒲明最近感到很累，也很不开心。白蒲明已经在公司里干了五年了，职位一直没有提升，白蒲明以为是自己还不够努力，便加倍努力地工作，结果再一次评比的时候，白蒲明还是落败了。

白蒲明有些怀疑自己是否适合该工作，可是，他已经在这儿工作了五年了，要走并不容易。他去找朋友喝酒，朋友告诉他应适当地休息一下。白蒲明苦笑道：“哪有时间休息？我每天忙得要死，如果现在请半个月假，回去后公司就没有我的位置了。”

朋友问：“你原来不是一直要写小说吗？是没有时间才不写了吗？”白蒲明点点头。朋友接着说：“你可以先把工作暂停下来，你工作了好几年，也有了一定的积蓄，不妨去追求一下自己原来的梦想，你就用一年的时间到处走走，写写小说，说不定就会摆脱目前的这种状态。你看怎么样？”

白蒲明觉得这个办法不错，便立刻行动起来，真的给了自己一年时间去调整心态，去寻找当初的自己。

学会忙里偷闲，每天独处半小时，这个时间不是太长，但也不是很短，我们能够承受得起。独处是美好的，是心灵休憩的需要；独处是惬意的，是回归本我的一个好方式。经常在生活中独处半小时，当身体休息好了，疲惫的灵魂也会赶上，当身体与灵魂合二为一，再上路，疲惫也会远离，你会觉得原来生命这样有趣。

留一点时间给自己吧！侍弄一下花草，听一听音乐，或者干脆坐在椅子上晒晒太阳。我们走得太快了，灵魂怎么跟得上！

章 11

耐住性子，
谁不是跋山涉水去相爱

有耐心，青涩的爱情才会有成熟的一天

耐心之于爱情，就像阳光、雨水之于植物，耐心在爱情中扮演的角色极为重要，没有耐心，就没办法让爱情开花结果。有很多彼此深爱的情侣走不到白头偕老，甚至才恋爱一段时间就没办法继续下去，绝大部分是因为没有耐心。

爱情不像大棚里的植物一般能够速成，它要在春天播种，夏天成长，要经历风吹雨打，要耐得住秋日瑟瑟的寂寞，更要能挨过残酷的冬天。

杨金耀跟女友是相亲认识的。三个月后，两人觉得对方还不错，就开始谈婚论嫁了。

准备婚嫁期间，杨金耀跟女友过得原本很甜蜜。可是渐渐地，杨金耀觉得女友不像以前那样爱他了。

最初约会时，二人都会去一些咖啡馆、小餐馆，聊聊天，说说工作上的事，可现在，一跟女友谈约会，多半的回复不是“没时间，我还要出差呢！”就是“哎呀，我工作忙啊！今天还要加班呢！”原来还能跟女友常常见面，现在见一面实在不易，就是晚上打电话也是常常说着说着就没影了。

杨金耀跟女朋友说了自己的想法后，女朋友也表示无可奈何：“我这不

是工作太累了吗？你就不能体谅我吗？我怎么不爱你了？不努力工作难道等着被炒鱿鱼吗？”最后两人各持己见，越说越火大，更是发展成吵架。

事后，杨金耀仔细一想，觉得结婚后可能会有改观，便对女友说：我们不吵架了，我们结婚吧！”女朋友反而说道：“再等等吧。”杨金耀听到这话，也不知道该如何是好。

现在生活节奏越来越快，仿佛连谈恋爱也变得很快，好像短短几个月就要把很长的爱情路走完，没过多久就又考虑着结婚的事……不是说这种方式不好，而是说爱情不能走得太快。就像酿葡萄酒，一见钟情时是把新鲜的葡萄放入桶里，热恋时是激烈的发酵。但很多人往往在这个时刻就要喝葡萄酒，尽管酒并没有酿好。太多的人不明白，葡萄酒在酿制阶段时还需要经过很长时间的沉淀期，很多人又受不了这种沉淀，又心急难耐。

这种心态在恋爱中是不行的，恋爱中任何事都不能急，要讲究顺其自然、水到渠成。在爱情中有很多人变得很急，吵了架就不耐烦要分手，分别一段时间就感觉对方不爱自己了，出了矛盾又想通过结婚来解决。所以，一定要把这种浮躁的态度改掉，感情这种东西非常脆弱，虽然彼此深爱着对方，但是浮躁而没有耐心往往会使爱情夭折。

你不要找，你要等

爱情是美好的，是令人期待的，我们每个人也都有自己的爱情观。然而就算你百般期待它，它也不会对你高看，你的情路依然会有坎坷。很多心急的人就会在这个时刻频繁抱怨，抱怨为什么自己“命中注定的人”还不出现，关于这一抱怨，冰心老人早就给过答案。

2007年，著名作家铁凝和华生拿了户口本前往民政局，办理了结婚登记，这时铁凝已经50岁了。

时光倒退16年，1991年5月，冰心与前来看望自己的铁凝谈及个人生活。

冰心问铁凝：“你有男朋友了吗？”

“还没找呢！”铁凝回答。

“你不要找，你要等！”90岁的冰心老人说。

铁凝说：“我一直记得她说给我的话，‘你不要找，你要等！’那时我34岁，她的话在我听来充满禅机。一个人在等，一个人也没有找，这就是我跟华生这些年的状态。我说对爱情要有耐心，当然期望值不必过高，但不要让希望消失，我想是这样。永远不要放弃自己的期待。”

大龄“剩男剩女”一定不要着急，爱情是不能急于求成的。一个人吃饭可以着急地吃，但是爱情是两个人的事，一着急就有可能把并不合适的人带入自己的生活，跟一个不合适的人相爱是一种多么痛苦的感觉，想必很多人都有过经历。

冰心说：“你不要找，你要等！”这是对耐心等待爱情的最好的注解。在等的过程中，我们可以跟身边的人多接触，用长时间的考量来日久生情，来衡量对方是否适合自己，如果没有遇到合适的人，那么不妨继续耐心等下去，你迟早会找到合适的人。

当然，等待不是“傻等”，不是坐以待毙什么都不做，而是在等的过程中也要提高自己。“你不要找，你要等”的含义是不能急，二十岁恋爱没什么，三十岁恋爱也很正常，不能因为身边的人都纷纷恋爱结婚，自己就心焦气躁。爱情是一个水到渠成、顺其自然的过程，着急是没有用的。

2015年，刘若英在台北生下一个宝宝，刘若英跟老公钟石的爱情故事也逐渐进入人们视线。

刘若英曾回忆自己跟钟石的相遇，她表示自己之前并不着急结婚，她说：“过了35岁，结婚的念头就很淡了——反正也这个年纪了，急也没用，索性好好挑挑。慢慢地，我一个人可以去做很多事情，逛街、看电影、喝咖啡……有一天我在家里，给自己煮了很好吃的牛肉面，配上新鲜的蔬菜，坐在阳光包围着的餐桌前细细品尝。我突然觉得，一个人的生活，真的也很不错嘛！就让我这样自己过一辈子，也没什么不可以。”

2006年刘若英拍摄电影《心中有鬼》，她跟导演滕华涛是好朋友，滕华涛就问刘若英：“为什么你人很不错，却没有男朋友呢？”刘若英打趣说：“那你有合适的人，可要帮我留意啊！”

滕华涛还真就记住了这句玩笑话，2010年的时候，滕华涛来问刘若英说想不想认识一个优秀的人，刘若英说想，但是别搞得像相亲似的，最好是一群朋友聚会那种。

见面那天，大家都带了很多朋友，刘若英就看到了高高大大、斯斯文文的钟石。“我就觉得很顺眼，于是就留了手机号码。”后来钟石打电话问刘若英愿不愿意去看他搞的一个摄影展，刘若英就去了，恋情就这样开始了。

2011年两人领了结婚证，还特地按照台湾的风俗给滕华涛送了喜饼。

刘若英说：“相信爱情的人迟早会和爱情相遇。”很多30岁左右的女性在不得不说出年龄的时候，总要把自己说成是二十八九岁，因为好像30岁是一个分水岭，这个年龄再不恋爱就“晚”了。其实不是这样的，我们不要给自己设限，更不要因为被家人催婚而设限，当我们对爱情保持一个顺其自然的态度，且不断地提高自己时，就静待缘分吧，迟早会和爱情相遇。

不要因为一时的寂寞而去爱

二十几岁的人正是寂寞的时候，住在简陋的出租屋里，每天回来自己做饭、洗衣，压力大的时候也没有人可以诉说，更没有人可以依靠。很多人都熬不住这种寂寞，总会想找个人跟自己做个伴，在这种情况下人是非常容易动情的，但这种悸动也是最容易消退的，当悸动消退后，你会发现这场错爱已经难以宣告结束。

小希今年27岁，还是单身，她一个人上下班，一个人吃晚饭，周末也还是一个人窝在家里看电影，小希有时会觉得孤独寂寞。公司新来了一个非常帅气的男同事，这个男同事的能力很强，非常得上司认可，而且为人也很风趣幽默，小希有些心动了。

一次，公司去KTV唱歌，小希正巧跟这个男同事坐在了一起，大家都喝了一点酒，在同事们的情歌氛围中，男同事对小希说："我看你挺漂亮的，你有男朋友吗？"小希摇摇头。男同事说："那正好，我也没有女朋友。"

小希说道："反正我也是一个人，要不然你做我男朋友吧。"

就这样，两个人谈了恋爱，一时间在公司里被传为美谈。

可是几周之后，尽管这个男同事对她也挺好，小希就是再也提不起恋爱的感觉。小希变得有些烦躁，就提出了分手，而男同事并不同意分手，两个人的变化也都被公司的人看在眼里。最后，脸皮薄的小希实在是没有办法了，只好悄悄地辞了职，换了一份工作，才结束了这段急躁的恋情。

有句话叫："不要因为一时寂寞而去爱，以免因此而寂寞一生。"你因寂寞而去爱，爱的也许并不是对方这个人，你只是想逃避寂寞的感受，任何一个人都可以是你的依靠。可是你并不是真的爱对方，而且没有相同的兴趣爱好和世界观，甚至都没有共同话题，说不定会让你更寂寞，在一起又有何意义呢？

我们不能为排解寂寞而爱。有的大龄青年觉得遇到一个合适的就赶紧恋爱结婚，认为以后日子还长，总会把好感变成爱情。事实上这可能吗？如今离婚率高、夫妻二人总是矛盾不断的情况，就是因为恋爱结婚的时候太草率，有的人甚至觉得"差不多"就行了，反正自己一个人也挺没意思的，于是遇到看着顺眼的，就赶紧恋爱结婚。结婚是拍个照领个证，但是离婚则是一个复杂的程序，因为寂寞就草率地结婚是对自己和对方的不负责任。

所以，我们在寂寞的时候更要守住自己的内心，去找寻真爱，不要"凑合"，不要"差不多"，不要"冲动"，要做最全面的考量，做漫长的打算，像沈从文所说的：“我明白你会来，所以我等。”

赵宁过了今年就30岁了，父母就她一个女儿，赵宁比较争气的是自己月薪很高，生活算是富足。但是父母仍然不满意，因为赵宁还没有男朋友。天天被父母催着结婚，赵宁也很苦恼，她不是不想找，只是真的没有遇到合适的人。

赵宁想要自己创业干一番事业，就把父母给她攒的嫁妆钱给用了，跟朋友合伙开了一家服装店，生意很不错。可是，这把赵宁的父母气得不行，骂了赵宁一通，而且更加频繁地跟赵宁讲结婚生子的事，简直成了每天的必备话题。赵宁的耳朵都快磨出茧了，有时候被逼急了就控制不住自己冲着父母吼叫：“催催催，再催明天我就去街上逮一个把自己嫁了。”

对于终身大事，赵宁一直坚持自己的想法。于是，她全身心地扑到了生意上，每天忙碌而自在，生意越做越大，而她的很多女性朋友都做了家庭主妇，却非常羡慕赵宁的生活。

时间的转轴不停转动，我们的年纪越来越大，寂寞也就乘隙而来。但是，我们必须学会品尝寂寞，要知道，能把单身生活过好的人，才能更好地拥抱两个人的生活。婚姻是一生的大事，切不可冲动，也不要因为一时的寂寞而去爱，而应该当爱情的感觉出现时再去爱。

要记住优质的恋爱能成就你，而劣质的恋爱会消磨你。孤独，不一定会永远不快乐，不要因为寂寞而错爱，不要因为错爱而寂寞一生。

谁的情路不是历经波折

感情之路就像是一条奔流的河，在奔赴大海的过程中不会一帆风顺，必然会遇到高山和低谷，只有奔流不息才能够汇入大海。所以，不要期盼着来一段绝对完美的感情，要做好失败的心理准备，才能更好地迎接真爱。

2011年，国民女神莫文蔚凭借专辑《宝贝》获得台湾金曲奖最佳女歌手奖。她从张惠妹的手里接过奖杯，显然很兴奋，告诉大家自己会在年底结婚："这次我答应大家今年年底要结婚，而且最酷的就是，我居然可以跟我17岁时的初恋男友结婚。"

莫文蔚情路坎坷，一路走来历经波折，能回到"原点"实属难得。

1994年拍摄《大话西游》时，莫文蔚认识了周星驰，两人维持了一段恋爱关系，但是由于人生价值观不同，最终还是分手。随后，莫文蔚又遇到了冯德伦，与冯德伦相恋9年，仍然是以分手告终。

莫文蔚跟初恋男友是在她17岁在意大利读书时相识，可是因为各自回国，只相处了一年，便无声无息地结束了。

而到了2003年，莫文蔚赴柏林拍成龙的电影时又见到了初恋男友，但对方已是3个孩子的爸，任职德国金融业高层主管。莫文蔚说："我们中间隔了很多年，10多年都没联系过对方，他也结过婚，我也有过自己的生活。之后，我们在一个同学会上再次碰到，我们也没想到隔了那么多年最终还能走到一起。”

她说自己再次遇到初恋男友时，就感觉到他还有那份情感，她说：“可能有时候你有某种情感你也不知道，我就一直以为初恋情人是特别不一样。他等了我20多年，我觉得有现在的结果非常满意。”

《诗经·卫风·氓》讲述了一个女子遭遇不幸婚姻的事，里面写道一个小伙子向女子求婚，两个人幸福地结婚，可是婚后小伙子对女子不好，最终女子要跟他一刀两断。这首上古民谣体现的故事就已经在表现恋爱婚姻中的不确定性，谁也不能认定谁是自己的命中注定，恋爱的时候怎么看都顺眼，可一旦落实在婚姻里，就容易出现各种各样的问题，爱情也就被消磨殆尽了。

很少有人能够在最好的年纪，与最合适的人一见钟情，最终白头偕老。情路坎坷是再正常不过的，每经历一次你就会成长一次，更加懂得爱情、家庭应该是什么样的，会更加珍惜、会更聪明地去处理下一段感情。

所以，在情路波折的时候不要对爱情失去信心，更不要急躁地去寻找“替代品”，不妨静下心来，过一段一个人的生活，细细感受恋爱与单身的不同之处，反思上一段感情失败的原因，改掉自己的一些毛病。可以说情路波折的人都很不容易，可是，他们又都能深刻地体会到什么才叫真正的爱情。

民国著名女文人陆小曼一生情路坎坷，书写了一段心酸的传奇。1922年，19岁的陆小曼刚刚毕业，就被父母许配给王庚。王庚是当时的青年才俊，他在美国密歇根大学、哥伦比亚大学、普林斯顿大学就读过，还在西点军校跟艾森豪威尔成为同学。王庚回国与陆小曼结婚时为陆军少将，后赶赴哈尔滨任警厅厅长。

可是，王庚没时间陪陆小曼，陆小曼也不爱他。这个时候，陆小曼结识了名动全国的诗人徐志摩。频繁的接触使他们感情越陷越深。陆小曼说：

“可是，我们相识在不该相识的时候。”后来，陆小曼与王庚争执越来越多，便动了离婚的想法，而此时，徐志摩也想跟原配张幼仪离婚，两个人面临着重重阻力。徐志摩去找胡适帮忙劝说自己的父母，陆小曼也为此写了封信给胡适：“先生并非我老脸皮求人，求你在爹娘面前讲情，因为我爱摩，亦需爱他父母，同时我亦希望他二老爱我，我受人的冷眼亦不少了，我冤的地方只有你知道。”

1926年，陆小曼跟徐志摩成功结为夫妇，两个人不顾外界的冷眼，过了一段幸福的日子。然而，1931年，徐志摩因飞机失事罹难，陆小曼在《哭摩》中写道：“从前听人说起‘心痛’，我老笑他们虚伪，我想人的心怎会觉得痛，这不过说说好听而已，谁知道我今天才真的尝着这一阵阵心中绞痛似的味儿了。”徐志摩死后，陆小曼不再出去交际，专心整理徐志摩文稿，晚年生活困苦潦倒，让人哀叹。

经历一两次失败的恋爱也没关系，情路波折是再正常不过的。我们不必为失败的感情纠葛，过度哀伤，也不须为迟迟找不到合适的人而心急气躁。不要心急，不要气馁，静下心来，缘分自来！

要坚信，一定有一个人在命运的拐角处等着你

一到适婚年龄，“单身”就好像是身上一个显眼的烙印，再也无法掩盖。总会有父母亲朋在耳边苦苦叮咛：“老大不小了，赶紧找个人结婚吧！”有时候你也会动摇，也会告诉自己不要太挑剔，可是身边真的没有合适的人。是找个过得去的人，还是要一直空等下去？看着身边的朋友们纷纷结婚生子，你的心中急躁不安。

对此，我们要相信一定有一个人在命运的拐角处等着我们，相信自己一定能够找到属于自己的幸福，爱情要宁缺毋滥，守得住孤独，才遇得见幸福。

王楠今年30岁，在大城市里打拼了六七年，也有了不少的积蓄，工作待遇也很高，只不过一直没有女朋友，家里二老对王楠总是催促，总说急着抱孙子，要王楠赶紧落实婚姻大事。

王楠也不是不想找，问题是找不到。他公司里男同事居多，仅存的几个女同事又都名花有主，而他自己平时又太忙，没有时间参加聚会、唱歌等活动，所以认识的女性很有限。眼看着自己的同事、朋友都纷纷结婚，每次王楠去参加婚礼的时候都特不自在，因为就他一个人单着身，他感觉总有异样

的眼光落在自己身上。

但是王楠仍然忍耐了下来，他继续努力工作，之后在公司的一次外派出差中，他认识了其他公司的一个女孩，女孩美丽大方，谈吐优雅，两个人很快就产生了好感，王楠对那个女孩展开了热烈的追求。一年之后两人走入婚姻殿堂。王楠说："幸好我没有急于恋爱结婚，所以才让我遇见了她。"

看到身边的人都匆匆忙忙结了婚，加上家里人一直在你耳边催促，你是不是也产生过找个条件不错的就结婚的念头？那么，你想好让自己余下的人生跟一个还不熟悉的人一起度过了吗？如果没有，草率地恋爱和结婚只会伤到自己。

宁缺毋滥是一种很可贵的爱情观。要知道一段糟糕的感情会严重影响我们的生活，还会让我们对爱情产生动摇，所以我们宁可保持单身，也万不可找一个人凑合过日子。

很多人之所以对待爱情"凑合"，是因为对自己没信心，觉得自己已经是大龄青年了，不可能会遇到真爱了。这种想法是错误的，为什么要对自己妄下结论，给自己的人生设限呢？谁也不能断言自己一定不会遇到真爱，当我们对自己失去信心的时候，就很容易产生"凑合"的心理。

1932年，在清华大学古月堂门口，钱钟书和杨绛相遇了，一个是名震京城的才子，一个是同样博学的大家闺秀。本来杨绛是要去美国留学的，可是，后来想来想去还是想去清华大学，就此遇到了一生的挚爱。

两人相遇时，钱钟书穿着青布大褂，戴着一副老式眼镜，目光如炬，一副书卷气。而杨绛则是大家闺秀的样子，非常文雅，两个人一见如故，聊了没多久，钱钟书就赶紧跟杨绛解释："外界传说我已经订婚，这不是事实，请你不要相信。"而杨绛当时的追求者也很多，她也急着跟钱钟书解释："坊间传闻追求我的男孩子有孔门弟子'七十二人'之多，也有人说费孝通是我的男朋友，这都不是事实。"然后，两个人就恋爱了。

其实，这段缘分早就命中注定了。早在1919年，8岁的杨绛曾随父母去过钱钟书家做客，只是当时年纪小，印象寥寥。随后的五十年时光里，两个人一直相濡以沫，没吵过架、红过脸，铸就了一段爱情传奇。

有人说缘分是命中注定的，在某些时候的确是这样的，对于缘分，着急是没有用的，该来的时候自然会来，所以，当缘分还未出现的时候静静等待就好。

《圣经》有言：“有的时候，人和人的缘分，一面就足够了。因为，他就是你前世的人。”正像《遇见》的歌词一样：“未来有一个人在等待，向左向右向前看，爱要拐几个弯才来。”有时候没遇到真爱不要着急气馁，鼓起勇气，做最好的自己，说不定在下一个转角就能遇到爱了。

和在一起的人慢慢相爱

林语堂说：“我们现代人的毛病是把爱情当饭吃，把婚姻当点心吃，用爱情的方式过婚姻，没有不失败的。”一见钟情固然是有的，可是一见钟情来得快去得也快，我们应该学会慢慢地相爱。爱情在一瞬间迸发时是极为热烈的，但是瞬间的热烈未必能够保持太久，让爱情细水长流，把浓烈的爱化成一杯醇香的茶，让它长久地散发着清香吧！

李诚警校毕业，身材魁梧，长相英俊，而赵新柔性格开朗。两个人是在美丽的天山山脉偶遇的，之后用半年的时间建立了恋爱关系。可是一年之后，李诚被分配到边疆的哨所，而赵新柔则被分配在中部城市，两个人天各一方。

哨所的工作寂寞枯燥，刚开始赵新柔总会坐十几个小时的火车来看李诚。李诚带赵新柔游遍了新疆，带她看了大漠黄沙、巨大的胡杨……不过由于赵新柔工作越来越繁忙，她来的次数也越来越少，两个人只好互通书信，但由于地处偏远，一个月能收发两三封信就非常不错了。赵新柔的朋友都劝赵新柔："你说你找谁不好，非要找个当兵的，现在你俩分隔这么远，将来能在一起吗？"

赵新柔从来都不反驳她们，只是一笑了之，然后认真地给李诚回信。就这样慢悠悠地过了三年，李诚离开了哨所，跟赵新柔结了婚，两个人过着相濡以沫的生活。

又没过多久，李诚被分配到深圳工作，而赵新柔则被分配到新疆工作。这时，他们已经有了自己的儿子，但他们仍然坦然面对这份思念的折磨，他们又开始写信传递思念。又是五年过去，李诚终于能够回到新疆工作，一家三口过上了幸福的生活。

三毛说："云淡风轻，细水长流，才是爱情。"年轻人的爱往往炽热冲动，为了证明自己的爱情，他们往往会做一些很疯狂的举动。不过当这种热情逐渐消退后，能够把爱情转换成细水长流的两个人，才能够长久地在一起，所谓"慢慢相爱"就是要提醒大家，恋爱慢有慢的好处。建立爱情关系之前，慢慢地考察对方，相爱之后，慢慢地把感情放长，慢慢地融入彼此的生活，不要着急结婚，结婚后也要慢慢生活，人生那么长，千万不要一下子就用尽了热情。

爱情并不仅仅是华丽的楼阁，在更多时候它会转化成一种无言的情感，在大风大浪中，真正相爱的两个人并不需要过多言语的交流，他们懂得相互搀扶、相濡以沫。1994年，美国前总统里根患上阿尔兹海默症，便不再露面，妻子南希毫无怨言地担负起照顾丈夫的责任。随着病情日益严重，里根开始遗忘过去，连妻子也不认识了。但是，他的妻子一直默默陪在里根的身旁，直到他2004年6月去世。这就是“慢慢相爱”的意义，正如歌词中所唱的：“我能想到最浪漫的事，就是和你一起慢慢变老。”

1929年，季羡林被叔父安排了一门亲事，与年长他四岁的彭德华结为夫妻。虽然季羡林心里不满意被包办婚姻，但是，他逐渐地发现妻子虽没什么文化，但是做人真是没的说，而且聪明贤惠，能吃苦耐劳。

1946年5月，季羡林拒绝了剑桥大学的邀请，执意回到日思夜想的祖国。见到阔别十一年的妻子，季羡林几乎流出眼泪。当年离别时，彭德华的额头还光洁饱满，如今她的额头和她的双手一样变得粗糙，布满了折皱。季羡林看着沉默依旧的妻子，慨然长叹：“家贫、子幼，这些年让你受苦了！”

到了“文革”时期，季羡林每天都要被拉出去批斗，有人对他又撕又打，还把浓痰吐到他的脸颊上。季羡林每天回到家里，彭德华都默默地为丈夫清洗伤口，细心地为他涂抹药膏。夫妻俩很少交谈，偶尔目光对视，季羡林能从妻子的眼神中看到剜心的痛楚。季羡林知道妻子心疼他，不光心疼，还在为他担惊受怕。

季羡林与妻子话语不多，但是几十年相濡以沫，两人仍是一路相互扶持。

爱情要细水长流，不能太热，一下子燃烧完了就不再有激情；也不能太冷，两个人在一起好像是在完成任务似的。在爱情的世界里我们不能心浮气躁，也不能被小小的磨难所击退，我们要懂得细水长流，正如那句诗所说：“两情若是久长时，又岂在朝朝暮暮？”相濡以沫、一起到老并不难，关键就在于这个“慢”字，爱情中一切不着急，终会收获属于自己的果实。

章 12

耐住性子，
你要的岁月都会给你

万物都以微小的步伐生长

一棵粗壮的大树百年前就已经开始生长了，每一个路过的人都看不到它生长的痕迹，它一年甚至几十年才生长几厘米，它用微小的步伐长成参天大树。而“春风吹又生”的野草，其生长速度是很快，然而它的寿命只有一春一夏，而且永远也长不大。美国一森林公园里生长着一棵古树，这棵树有四千多年的历史，在埃及建造第一座金字塔时它就已经100岁了。在我们感叹生命的伟大之时，应该想一想这棵树经历了多少雨雪风霜，经历了多少艰难，才会用千年的时光只生长几十米，这会给我们的生活带来启迪。

1938年，上海沦陷，被日寇围成了孤岛，而钱钟书跟杨绛正在上海。当时钱钟书连工作都没有，便生出了写小说的想法，杨绛鼓励他写，表示自己会做好一切“后勤工作”。杨绛每天亲自劈柴做饭洗衣，钱钟书看在眼里内心是满满的感动，便开始动笔努力写作。钱钟书写作的特点是“锱铢必较”，他对每一个字都反复推敲琢磨，以至于每天只能写五百多字。钱钟书也不着急，他不贪图速度快多写文字，而是写够了五百字就停，然后给杨绛看。后来杨绛回忆当时的情景时说道：“他把写成的稿子给我看，急切地瞧我怎样反应。我笑，他也笑；我大笑，他也大笑。”

两年后，这本叫做《围城》的小说横空出世，钱钟书在序言中这样写道："这本书整整写了两年。由于杨绛女士不断地督促，替我挡了许多事，省出时间来，得以锱铢积累地写完。照例这本书该献给她。"《围城》以一种独特的姿态成为了一座丰碑，里面精致的句子和嬉笑怒骂，让人拍案叫绝。

钱钟书在写《围城》时每天只写五百字，这种沉得住气的心态值得我们学习。在遥远的古罗马，奥古斯都大帝曾在钱币上铸刻"慢些匆忙"。人生有时候就像熬中药，该熬多久就要熬多久，不能偷工减料，不能缩短时间，才能熬出来一碗有效的药汤。再以铸剑为例，铸剑时需要两个铁匠各拿一个铁锤，交替捶打千万次，每一次捶打都火星四溅，烧红的铸铁看不出变化，但是千万次捶打之后剑就开始成型，让人很难想象之前那块烧红的铁条竟然能变成寒光四射的宝剑。

年轻人对生活总是抱着很多期许，要有钱，要有爱情，要实现自己的理想和价值……这些想法都是很好的，问题在于人们总是希望在短时间内完成这些目标，且在此过程中焦虑不安，而一旦完不成就又对人生心灰意冷。然而，人生就是如此，如果一瞬间什么都给你了，你所有的愿望都实现了，那剩下的时光又有什么意义？

时间永远都不着急，它永远都按自己的步伐慢慢走过这个世界，它让人青丝变白发，它让亿万光年如弹指一挥间。不过它很慷慨，时机到来时就会赐予人该拥有的东西，你要的岁月都会给你。

台湾著名女作家龙应台写过一本红极一时的书叫做《孩子你慢慢来》，在这本书的卷首语中，龙应台描写了自己看着小孩打蝴蝶结的情景，那个情景非常美好："绳子穿来穿去，刚好可以拉的一刻，又松了开来，于是重新再来；小小的手慎重地捏着细细的草绳。淡水的街头，阳光斜照着窄巷里这间零乱的花铺。"

龙应台用优美的文字继续表达了这种美好："坐在斜阳浅照的石阶上，

愿意等上一辈子的时间，让这个孩子从从容容地把那个蝴蝶结扎好，用他五岁的手指。孩子你慢慢来，慢慢来。”

哪怕我们只有蜗牛的速度，只要一点一点地向上爬，终究会爬到金字塔顶。唐代的玄奘用自己的脚步丈量了长安到印度的距离，在那个年代他足足走了十几年，但他也真的用惊人毅力走到了天竺，并成功带回佛经。这就是步伐的力量，不怕步子迈得小，只怕停下来，只要我们相信未来，不断地向前走去，一定可以到达远方的。

循着兴趣，一步步成为你想成为的样子

年轻人不知道自己的未来该如何规划，不知道自己该朝着哪个方向奋斗，更是时时刻刻担心自己奋斗错了方向。事实上，行行出状元，并不是说某些领域成功率高而某些则低，我们应当跟随自己的内心，循着自己的兴趣，在努力奋斗的时候也能保持一个快乐的心情，因为我们是在做着自己喜欢的事情，是在一步一步成为自己梦想的样子。

近些年，一个叫罗永浩的人逐渐被大众熟知，其实，早在2006年他的“老罗语录”的录音就已经掀起过一股热潮。

罗永浩，高二退学，辍学后做过卖二手书、倒卖走私车之类的生意。此

时的他跟广大青年是一样的，他不知道自己的未来在何方，他不知道自己的将来会跟英语沾边、会当老师，更别提会出名了。罗永浩换了很多工作，都不满意，他觉得那不是自己的兴趣，他来到北京依然是四处讨生活。那时他萌发了想移民去加拿大的念头，于是便开始苦学英语，结果加拿大没去成，他倒是给新东方校长俞敏洪写了一份著名的求职信，俞敏洪给了他三次试讲的机会，最终，罗永浩成功晋升为新东方教师。

2001—2006年，罗永浩在北京新东方学校任教，由于教学风格幽默诙谐并且具有高度理想主义气质的感染力，所以大受欢迎。很多学生盗录其讲课内容并在大学的校内网站上传播分享，这些音质奇差的盗录内容在2003年左右流传到了互联网上，旋即以“老罗语录”的名义风靡大江南北。

2006年6月，罗永浩从新东方辞职，随后开始创办牛博网，两年后又创办“老罗和他的朋友们教育科技有限公司”，做英语培训。而到了2012年，罗永浩突然在微博上抱怨智能手机都“太丑”，随即宣布自己要开始做手机。这期间他还抽空拍了个电影。

2014年，罗永浩的Smartisan T1手机发布，后成为中国大陆首款获得iF设计奖金奖的智能手机。

罗永浩表示自己是在循着自己的兴趣做事，他有一句名言：“生命不息，折腾不止。”

兴趣是我们最好的引路人。很多大学生为什么在大学里不学习？毕业了又对工作不满意？就是因为不感兴趣。为了毕业后找工作，在大学里挑一个如计算机、互联网这样的热门专业，结果发现自己对此根本提不起兴趣，白白荒废了四年的大好时光。毕业后，又继续找该专业相关的工作，结果当然是依然不喜欢，但若找自己喜欢的工作却又要从头学起。既然如此，大学四年早干吗去了！

人生是一个不断寻找的过程，人的兴趣也是会发生改变的。如果你做几年某专业的工作就兴趣全无，那么不妨去寻找新的兴趣，跟着自己兴趣的脚步走，谁也不能确定自己最后的样子。有时候，丰富的人生经历更能够让我们理解人生，对此我们不能太过心急，并不是说我们想成为什么样的人就必须一下子就做到，不妨来个迂回战术，先做一些相关的，逐步接近目标，最后拥抱目标。著名导演张艺谋最先是做摄影师的，冯小刚早期则是做了很长时间的编剧，他们都爱这一行，都有着莫大的兴趣，但他们韬光养晦，有目的地去规划自己的人生，最终也拥抱了目标。

先来看一份简历——

1990年至1998年就读于协和医科大学，获临床医学博士，妇科肿瘤专业，美国埃默里大学工商管理硕士。曾就职于麦肯锡公司。曾任华润集团战略管理部总经理。2011年当选为华润医疗集团有限公司CEO。

如果不熟悉的人肯定会觉得这是某个商业精英，穿着西装，穿梭于香港的高楼大厦之间。事实上这个人也的确如此，不过他还有自己的另一面，他写小说、写诗，写过《十八岁给我一个姑娘》《万物生长》，他生长于北京，曾经是个文艺青年，十七岁就写了小说《欢喜》，他就是冯唐。

冯唐说："大学读书，包括在麦肯锡、在央企，我觉得都是在打基础，现在用起来就特别方便。练幼功，就是为理解世界打基础，是没有尽头的。"冯唐是医学专业出身，又去美国学了工商管理，后来还当了麦肯锡的合伙人，同时还写小说。究竟是什么原因使他的人生会有那么多的转变？他笑着说："我想是因为我比较好奇，人生苦短，不再贪恋原地。"而这些经历和背景给他的写作也带来了一些影响。他说："医学是我针对人类写作的素描。其他各种工作经历让我码字有源头活水。亲尝大于耳闻目睹。"

无论是到公司里去工作还是做自己的事业，一定要按照自己的兴趣去发展，否则难以坚持下来，也难以取得成功；而当我们对所做的事充满兴趣时，无论再艰难、再麻烦，我们都能够坚持下来，获得成功。所以，不妨循着兴趣走，一步步成为你想成为的样子。

成功没有捷径，乔丹也是从菜鸟开始的

每个人在最开始的时候都是菜鸟，但是，其中一小部分最终成为了展翅飞翔的大鹏，而剩下的依然是菜鸟，关键就在于努力和勤奋而已。哪怕篮球之神乔丹也是如此。

可能有的人会说乔丹天赋高，完美的身材简直就是为篮球而生的。没错，乔丹的天赋确实高，但是NBA这块宝地每年都有上百人参加选秀，每年都有几十人加入NBA，为什么NBA六七十年的历史里只有一个乔丹？参加选秀的天赋高的球员有的是，其中一些也都获得了很高的历史地位，但也只是接近乔丹而已，目前还无一人能超越他。

很多人都知道乔丹自1990年开始登顶，连续两个三连冠让他获得了无上荣耀。可是乔丹1984年就进入NBA了，他的新秀赛季就打得非常棒，场均得到29.3分，5.8个篮板，8.5次助攻。但是他所在的公牛队却在季后赛被淘汰出局。

第二个赛季乔丹受伤，季后赛首轮复出狂揽63分，然后又被淘汰出局。乔丹的第三个赛季仍是如此。

1987−1988年赛季，乔丹拿下了常规赛得分王、最佳防守球员、全明星

MVP和常规赛最有价值球员等荣誉。季后赛首轮，乔丹带领公牛淘汰了骑士，无奈第二轮以1：4负于底特率活塞。

1989–1990赛季，公牛队愈发成熟，不幸的是乔丹在季后赛面对活塞队的“坏孩子军团”仍然束手无策，第三次仍被活塞淘汰。

直到进入NBA六年后，乔丹才迎来了自己的荣耀之路，之前的艰辛也只有乔丹自己才能体会。

乔丹苦熬六年，才戴上第一个总冠军戒指，这得益于乔丹近乎疯狂的训练。乔丹每天几百次至上千次投篮练习，而且乔丹有一颗执着的心，他喜欢找人单挑，就挑又高又壮的人一对一单打，输了也不走，一定要赢了对方。据说他在练习防守时，曾找来美国摔跤联盟的选手持球冲往篮下撞击自己的站位。

从乔丹的事例中我们可以看出，即使是篮球之神乔丹，他的成功之路也充满了坎坷，他也没有捷径可走。在其他行业、其他事情上也是如此，著名大提琴演奏家马友友，经历了多少个不眠之夜，拉断了多少根琴弦，才提高了自己大提琴的功力；当年的“经营之神”王永庆，因为开米店时经常帮客户洗米缸，加上刻意记录客户食米的人口与数量，在客户尚未订货时，就于第一时间主动把米送到客户家中，结果创造了当地米店的最佳业绩。

寓言家伊索曾说：“想匆匆忙忙地去完成一件事以期达到快速度的目的，结果总是要失败。”有人说过，世界上能登上金字塔的生物只有两种，一种是鹰，一种是蜗牛。不管是天资奇佳的鹰，还是资质平庸的蜗牛，能登上塔尖极目四望，都离不开两个字：勤奋。成功没有捷径，唯有勤奋而已，换句话说，勤奋才是成功的捷径，它能弥补天赋的缺失，更能使人取得更大的成就。

在世界登山运动史上，被称为登山“皇帝”的梅斯纳尔创造了前无古人的壮举。他攀登上了14座8000米以上的高峰。更值得一提的是，他是唯一真正的单人且不携带氧气设备，在季风后期攀登珠穆朗玛峰的人。

其他的攀登者全都带着重重的设备，登山索、氧气瓶，一步一步地建立高山营地，而梅斯纳尔却仅仅依靠自己征服珠峰，这样的能力让全世界都为之惊叹。很多人都好奇梅斯纳尔是不是“天赋异禀”，生下来就有登山的决定性天赋，当大批记者不断地询问这个问题后，梅斯纳尔自己解开了谜底：很简单，从低处开始攀登。

原来，很多登山者为了节省时间和体能，会选择乘坐直升飞机飞到山上的小镇，而梅斯纳尔却是自己一步一步地徒步走到大本营，这是一个身体与环境契合的过程，他逐渐地适应空气与海拔，正是这个智慧帮助他征服了那么多座山峰。

成功无捷径，不要企图寻找捷径，也不要相信所谓的捷径，更不要企图用最小的努力换取最大的收获，急功近利只会让我们忘了勤奋的重要性，乘坐“电梯”固然很快，但是会让我们失去攀爬的能力。

俗话说：“多一分耕耘才能多一分收获。”人生跟种田一样，你撒下种子之后，种子要发芽、成长，秋天的时候才能结果，你还要为它除草除虫，你不能期盼着会有什么捷径能够让种子几天之内就开花结果，这样才能真正地获得丰收。

成功是一辈子的事，请给自己足够的时间

成功是一个相对的字眼，有的人觉得自己的目标实现了就算是成功，其实成功是一辈子的事，某些阶段性的成功只是暂时的，人生的路还有很长。同时，那些迟迟不成功的人也不须着急，不要只看着别人二十几岁就如何如何成功，每个人都是不同的，我们要学会给自己足够的时间。成功是一个过程，二十岁成功与六十岁成功并无差别，而且基础越是打得牢，就站得越高。

齐白石年幼时常用习字本、账薄纸作画。随后拜周之美为师学习雕花木工。做木工之余，齐白石以残本《芥子园》为师，习花鸟、人物画。齐白石从小家境贫困，世代务农，他仅在12岁前随外祖父读过一段私塾。他砍柴、放牛、种田，什么活儿都干，12岁学木匠，15岁学雕花木工，挣钱养家。27岁才开始正式学画画。

后来，齐白石曾几度前往北京，又数次折返，期间一直以卖画为生，但是北京的人根本不买他的画。后来，齐白石不断地拜师学艺，然后作画卖画，逐渐小有名气，而齐白石真正名动京城是在1923年后，梅兰芳拜齐白石为师，那时候齐白石已经六十多岁了。

从1919年到1928年的十年，是齐白石痛苦求变的十年，他从临摹逐渐找到了自己的风格，到了68岁，齐白石摸索出用“破墨法”来画虾，就是趁着墨色未干之际，在虾头与虾胸的浅墨位置上加上一笔重墨。而齐白石在八十岁之后才真正到达自己画画的至臻境界，然而他仍然在琢磨画法的创新。齐白石一生非常勤奋，笔耕不辍，他几乎没有一天不在画画，也正是这种苦练才成就了齐白石。

“艰难困苦，玉汝于成”，这是北宋哲学家张载对成功的注解。成功往往是一段需要经过打磨的艰苦历程。在现实生活中，有的人很早就已经声名远扬了，而有的人却要等到年龄很大了才会有所成就，这让很多人不平衡。面对别人的成功要耐得住寂寞，需知人才是需要经过长期的磨炼方能被称为人才的，只要你有着足够的毅力就一定会走上成功之路。

成功仿佛是一壶酒，只有在地窖里长久地深藏，才能诞生温厚清冽的佳酿，开窖早了，只能收到一坛酸涩的醋。为什么说成功需要积累？王安石曾经写过一个“伤仲永”的故事，讲一个叫做仲永的小孩从小就能够背诵诗文，再大一点就能够吟诗作对写文章，乡邻们都说他是“神童”。可是，他却再也不积累知识了，他被父亲当作造钱的工具，整天随着父亲到邻里乡亲那里卖弄才艺。于是，多年之后当作者再看到仲永，他已经“泯然众人矣”。

这充分说明了成功并不是一朝一夕的事，有的人苦苦追求成功而不得，最终郁闷放弃；而有的人年纪轻轻就仿佛拥有成功，实际上根基不稳，很容易倒塌掉。成功需要时间，需要积累，这一过程非常漫长，像地壳运动用亿万年才挤压出一座山峰，像无数条溪水长时间奔流才汇聚成大海，倘若时间不够，怎么可能出现峰高、海阔？所以说，成功是一辈子的事情，我们必须得给自己足够的时间，厚积薄发。

1941年，陈忠实出生于西安东郊灞桥区西蒋村一个普通的农民家庭。他1950年开始上学，1962年高中毕业后当上了村办小学语文教师。1968年末，陈忠实到西安灞桥区毛西公社写材料，从此开始了他长达多年的“从政生涯”。然而，陈忠实再一次走进人们的视线是因为电影《白鹿原》的上映，他正是原作者。

1992年的春夏之交，《白鹿原》诞生。《白鹿原》的诞生，为中国文坛带来了福音，它使陕西文坛乃至中国文坛为之一振，也使以陈忠实为代表的陕西文坛成为中国文学的重镇。

陈忠实说：“《白鹿原》一共写了4年。在这4年的时间里，我始终与书上的故事和人物保持着一种距离与一种完全理性的思考，因此进入了这种沉静的写作心态。”在当代中国文坛，陈忠实是一个比较特别的作家，他在《白鹿原》之前发表了许多小说，但说实在的，影响力不是特别大，然而因为他的坚持才诞生了《白鹿原》这一惊世作品，实属十年磨一剑，大器晚成。

无论是齐白石还是陈忠实，抑或是其他领域的人物，大都是一种厚积薄发的状态，也正是他们几十年如一日默默无闻地努力，才创造出真正伟大的作品。我们应当记住：成功是一辈子的事情，别去想出名要趁早，也别强求一定要成功，我们只需要做自己想做的事情就好，给自己足够的时间，总归是能够得到回报的。

神奇的一万小时定律

作家格拉德威尔在《异数》一书中指出：“人们眼中的天才之所以卓越非凡，并非天资超人一等，而是付出了持续不断的努力。一万小时的锤炼是任何人从平凡变成超凡的必要条件。”这就是“一万小时定律”，英国神经学家认为人类脑部确实需要这么长的时间，去理解和吸收一种知识或者技能，然后才能达到大师级水平。顶尖的运动员、音乐家、棋手，需要花一万小时，才能让一项技艺至臻完美。

可能有人会问：“这一万小时是怎么来的呢？为什么不是其他的数字？”其实这是有根据的，格拉德威尔曾对音乐家、运动员等领域的人员进行过研究，他发现若每周练习20小时，大概每天3小时，需要练习10年才会取得成功，也就是一万个小时。

20世纪90年代初，瑞典心理学家安德斯·埃里克森在柏林音乐学院也做过调查，学小提琴的大约都从5岁就开始练习，起初每个人都是每周练习2、3个小时，但从8岁起，那些最优秀的学生练习时间最长，9岁时每周6小时，12岁时8小时，14岁时16小时，直到20岁时每周30多小时，共1万小时。

有一位著名的推销大师，他年事已高，在退休之际要做最后一次告别演讲，他把地点选在了一个特别大的场所。演讲当日，座无虚席，人们都是来看这位大师的谢幕演讲的。

演讲开始后，大幕徐徐拉开，除了推销大师的身影，讲台中央还悬挂着一颗巨大的铁球，推销大师并没有急于演讲，而是邀请了两个年轻人到台上来，递给他们一个巨大的铁锤，告诉年轻人用铁锤去击打大铁球，使它激荡起来。

第一个年轻人憋足一口气用力猛击，只听得“咣”的一声，可是，铁球纹丝未动。第二个年轻人接过铁锤，也使劲敲过去，声音依旧很大，铁球还是纹丝不动。

年轻人下台后，推销大师掏出一个很小的锤子，开始在铁球上认真敲打，敲击的声音“咚咚咚”作响。现场的观众一头雾水，推销大师也不去管他们，只是自顾自地敲着，二十分钟后终于有人按耐不住就离席了。推销大师还在敲打着，在第四十分钟时铁球开始微微晃动，逐渐地晃动越来越大，晃动得越来越高，震撼着每一个人的心。

推销大师开口说话了：“这就是成功的秘诀，即使你的力量不够，只要你一直做下去，不断地重复，就能够成功，我的演讲结束了，谢谢！”

所谓“锲而不舍，金石可镂”，金属与石头坚硬，但是只要人们锲而不舍地雕琢，不断地打磨，金石一定可以被雕塑成想要的东西。生活中也一样，每个行业里的大师、专家都是从什么都不懂走过来的，但是他们经历了极长时间的锻炼，重复地做，才有了后来的成就。就像白居易曾写过的那个卖油翁，他能让油从钱孔通过并注入葫芦，而钱币却未被打湿。看似不可思议，其实“无他，惟手熟尔”，熟能生巧，这和“锲而不舍，金石可镂”是一个道理。

世人都渴望成功，但真正成功的人少之又少；世人都渴望做大事，而对小事不屑一顾。其实，小事情坚持做好，也就是做成了大事。成功就是将小事重复做，做到极致，不断地重复，哪怕每次的时间不长，坚持十年、二十年，终究会有所成就。尤其像弹琴、写作、绘画等事情，更加不能偷工减料，没有上万小时的反复磨炼，是不会达到极致的。

明朝万历年间，皇帝为了抗御强敌，决心整修万里长城。当时号称“天下第一关”的山海关早已年久失修，其中“天下第一关”题字中的“一”字，已经脱落多时。于是，朝廷就号令天下所有的书法名家，来到山海关把那个“一”字补上，被选中的会给予黄金百两的赏赐。但是，全国从南到北来了近千位书法家，大家饱蘸浓墨，纷纷地写“一”，都写得不错，可是原来的几个大字实在是太好，他们的“一”放进去就立刻矮了一截。

皇帝很气愤，说堂堂大国怎么连个会写“一”字的人都没有。最终，还真的有一个人写出来的“一”与牌匾上的其他字完美契合，他就是山海关旁一家客栈的店小二，真是跌破大家的眼镜。

在题字当天，会场被挤得水泄不通，官家早就备妥了笔墨纸砚，等候店小二前来挥毫。只见店小二抬头看着山海关的牌楼，舍弃了狼豪大笔，拿起一块抹布往砚台里一沾，大喝一声“一”，立刻出现绝妙的“一”字。旁观者莫不给予惊叹的掌声。

有人好奇问店小二：你都不识字，怎么能写得这么好？店小二说自己确实不识字，他每天的任务就是擦桌子端盘子，同时他还负责在酒水的牌子上画“一”，有一个人要酒他就画一横，两人就画两横，他当了三十年店小二，已经不知道画了多少个“一”。

再小的事情做到极致也能成就大事，只要我们对所做的事情保持极高的耐心和热情，不断重复，不断地做，不急躁也不偷工减料，保持这种心态就好。一万小时定律一点都不神奇，很简单，把一件事情重复做一万次乃至上万次，做到极致，一定会成功的。

不断充实自己，终会在等待中遇见更好的自己

充实自己并不是指只在学校中学习知识，毕业后也需时刻为自己充电。那些在走出学校后就不再学习的人，一定不会有大的成就。要知道，不管是学习还是人生，它是个“不进则退”的过程，只有不断地充实自己，我们才能划动船桨，逆流而上。

李伟的公司新来了一位同事，这位同事学历不高，说话也不多，李伟对他的印象不是特别深刻，但是没想到的是，一年之后该同事居然获得了公司外派英国的名额，在英国工作三年，换句话说将来差不多就可以留在英国了。

李伟感觉很不可思议，他觉得这个同事大专毕业，专业也不好，李伟自己英文过了六级都没去成，怎么会轮到这个同事呢？李伟就去问同事。同事的回答让他大吃一惊：“谁说我不会英语啊？我毕业后就每天都自学，背词典，看视频，一年前我又开始上专业的英文培训班，我的英语水平在英国完全没问题，发音正宗，生僻的词汇我也懂。”

李伟更加震惊，但心中也不得不佩服这个同事。李伟高校毕业，加上在公司工作多年，自以为是“元老”，他每天安排安排工作，觉得轻轻松松

就可以了。李伟的确可以继续下去，但是谁不想获得更好的发展啊！李伟开始向这个同事看齐，也开始学习英语，除此之外，还看专业书籍，包括经济学、哲学等书籍，他要让自己的人生更上一层楼。

哲学家保罗·萨特有一句名言：“认识人的未来。”意思就是说没有命运安排，也没有“倒霉蛋”，一个人的未来什么样在于他自己的选择，在于他自己的态度，如果对于自己感到很满意，就停止充实的脚步，那么终究会被时代所抛弃。我们要把握自己的未来，直到遇见更好的自己。

唐代诗人王之涣在《登鹳雀楼》中写道：“欲穷千里目，更上一层楼。”这两句写意，把人生姿态写得淋漓尽致。我们可以把这个世界看作是一栋极高的大厦，每个人都在不同的楼层中，有很多人在中间部分，看到了很优美的风景，就此满足，殊不知在自己的头顶还有更美的风景。所以，想要看到更美的风景，就继续攀爬吧！想要看得更高更远，就去“更上一层楼”吧！

人生是一个不断前进的过程，聪明人会在这一过程中不断地充实自己，这个充实自己并不仅仅是在学习上，还包括生活中的方方面面。

充实自己很简单，可能每天非常忙，下班后特别累，但这都没关系，可以给自己一到两个小时的时间，打开一本书，静静地阅读。这就是在充实自己，而且非常有效果。只有气充满了，球才能弹得更高；只有油充足了，车才能行得更远；只有不间断地给自己充电，人生才能不虚度。

跑龙套也不急，你要的岁月都会给你

跑龙套这个词不好听，但如今成名的大牌演员，当年绝大多数是从龙套跑过来的。这跟我们的人生有很多相似之处，每个人其实从一开始都是龙套演员，演一些无足轻重的角色，比如路人甲、乙、丙、丁，甚至连台词都没有，但是熬过了这一过程，就会逐渐地有崭露头角的机会，逐渐被大家认可。

1983年，一部电视剧《射雕英雄传》火遍全中国，当时很多村子都只有一台电视机，于是，每天晚上全村人都会挤过去看《射雕英雄传》。不过，当年看该剧的人应该想不到里面的一些龙套会在日后成为为人熟知的明星。

重新看83版的《射雕英雄传》，细心的观众会有以下发现：

刘嘉玲饰演华筝的侍女，仅有一句台词："公主，驸马醒了。"

吴镇宇饰演一个村民。

吴孟达饰演丐帮长老。

欧阳震华既演了陆乘风的一个家丁，有几句台词；又演了一个小乞丐。

刘德华出演一个大汗身边的小兵。

郑少秋在黄蓉去找段皇爷碰到"渔樵耕读"那里，演一个渔民。

“喜剧之王”周星驰也演了一个小兵，还演了一个冻得发抖、一出场就被梅超风拍死的人。

对于周星驰，相信没有人会不熟悉。周星驰从1983年参演《射雕英雄传》到1990年凭借《赌圣》一举成名，这期间他经历了七年的煎熬和磨炼。在这七年里，他跑了无数个龙套，扮演过无数个没有名字的角色。虽苦虽累，但他从未改变自己成为一名好演员的信念，也从未消减对演艺工作的激情。正是这坚定不移的信念、脚踏实地的努力，为周星驰由“星仔”蜕变成“星爷”奠定了坚实的基础。

上面这些演员们，如果当初因为自己演的是龙套，而大发脾气罢演，那么我们今天可能就看不到他们了。这些演员们之所以能够脱颖而出，就是因为他们的努力与坚持。

在职场中，跑龙套的情况也时有发生。尤其是刚毕业的大学生，工作经验少却理想颇高，一进单位就想着担当大任，结果却被安排了个无足轻重的岗位，便心理不平衡，觉得自己被埋没了。殊不知，是金子总会放光的，但前提是我们要把自己打磨成金子。

人生，你只有熬过了所有的龙套、配角，才能成为荧幕上的主角。

杨青柠大学毕业后运气非常不错，在一家大型企业的综合管理部工作。

刚开始她很兴奋，不过没多久她就发现这份工作太辛苦了。所谓综合管理部，就是什么都管，要管各种开会，还要管理人事调动、企业宣传，甚至连工资表的事都要去做，结果杨青柠就像是一个“丫鬟”一样，每天都得做非常多琐碎的简单工作。

更重要的是，办公室里很多人都对她召之即来挥之即去的。比如，办公室里复印、发传真、接电话，开会时端茶倒水、聚餐时订房间等杂活都是她包干。办公室里的一些老人一有事就喊她：“小杨啊，过来把这份文件送到11楼张总那儿。”杨青柠感觉自己被大材小用了，自己在大学里算不上顶尖，也好歹非常优秀，各种社团活动都负责过，而现在自己却在干着毫无意义的工作。

杨青柠心里的气越来越大，没过多久，她就辞掉了这份工作，辞职的时候大家都很惊讶，但是杨青柠坚持表示自己在这里干不下去，辞了职再次踏上了找工作的道路。

所谓“万丈高楼平地起”，很少有人一出道就是“星途坦荡”的，无一不是从跑龙套开始“磨炼演技”，为以后的目标准备着。

人生中，我们要做到的就是提高自己的能力和拓展自己的人脉，只有基础打得好，才有可能一鸣惊人，所以，在那些艰苦的日子里，我们不妨静下心来，去安心地跑自己的龙套，一定不要急。反之，没有耐心，眼高手低不愿意跑龙套，那么连“露脸”的机会都没有，如果连龙套都跑不上，那么就更不能演绎自己的精彩。